U0233811

《一渠丹水写精神：南水北调中线工程与南阳》
编辑委员会名单

主　　任　张文深

副 主 任　霍好胜　吕挺琳

委　　员　（按姓氏笔画为序）

　　　　　王玉献　王炜逸　卢捍卫　吕德民

　　　　　孙富国　李　鹏　杨红忠　张清范

　　　　　秦性奇　景文栓　谢广平　靳铁栓

主　　编　吕挺琳

副 主 编　孙富国

编辑（写）人员

　　　　　殷德杰　水　兵　齐声波　吴家宝

　　　　　汪润明　李建鹏　刘富伟　李新士

　　　　　杨荣记　梁占佩　朱　震　庄春波

　　　　　李　杨　郑奇玉　闫　渊　徐　转

　　　　　詹　敏

一渠丹水写精神

南水北调中线工程与南阳

南水北调干部学院　组织编写

三、移民篇（上）

三、移民篇（中）

三、移民篇（下）

四、护水篇

前　言

南水北调，国家工程，中国形象，举世瞩目。

南阳，这块物华天宝之地，这座古老的历史文化名城，成为南水北调中线工程的水源地和调水的渠首，南阳人也有幸成为这项"国字号"工程的亲历者和参与者。南阳，为中华民族的历史又写下了浓墨重彩的一笔。

在这项波澜壮阔、历时半个多世纪的宏大工程中，南阳人谱写了一曲曲"忠诚担当、大爱报国"的时代壮歌。为解决京津地区的干渴，南阳人"四年任务，两年完成"，创造了中国乃至世界移民史上的"不伤，不亡，不漏一人"的南阳移民奇迹。为了达到"平安搬迁、顺利搬迁、和谐搬迁"的目的，有许多移民干部累倒在工作岗位上，又有许多库区的大片良田、房屋、企业被淹没；而为了一渠清水向北流，让北方和首都人民永远喝上清洌甘甜的放心水，南阳人还要一代一代地努力和牺牲。

河南有名扬天下的红旗渠精神。如果说红旗渠精神是社会主义建设时期林县人民为改变自身生存环境和缺水现状而进行的一场殊死拼搏，那么，南水北调精神则是在社会主义建设和改革新时期南阳人民在南水北调中线工程建设运行中忠诚担当、大爱报国的真实写照。

一部豪壮的移民迁安史，一项举世瞩目的世纪工程，为我们提供了无尽的物质财富和精神财富。移民群众无私的奉献精神，移民干部真诚的爱民情操，中国共产党执政为民的伟大宗旨，凝聚成广大人民群众心底的呼喊：移民群众最可爱，移民干部最可敬，祖国和共产党最伟大！

正如《人民日报》文章所写：南水北调，调来的不只是水。

为了让全社会，尤其是中小学生和广大党员干了解认识南水北调中线工程，了解认识这个工程建设的现实意义和长远意义；为了让宝贵的南水北调精神得以传承和发扬，南水北调干部学院组织编写了这本《一渠丹水写精神：南水北调中线工程与南阳》。本书以散文特写的手法，将南阳这次大移民中移民干部执政为民和移民群众大爱报国的光辉形象，一个个真实而生动地展现在我们面前。读这本书，让我们一次又一次地泪湿双颊，其感人的艺术效果，将极大地增强教育效果。习近平总书记说，要讲好中国故事。南水北调就是一部可歌可泣的中国故事，南阳人一定要讲好它，讲给全省、全国的人听，讲给世世代代的人听，让南水北调精神像红船精神、井冈山精神、大别山精神、焦裕禄精神、红旗渠精神一样，成为中华民族精神族谱的一部分，让中华民族的脊梁挺得更硬、更直、更高贵。

以"忠诚担当、大爱报国"为核心内容的南水北调精神具有鲜明的时代特色、地域特色，是对优秀历史文化的传承和发扬，是社会主义核心价值观在南阳的具体实践和生动诠释，已经成为南阳实现转型跨越、绿色崛起的力量源泉。

本书选取的都是在南水北调中线工程建设和移民搬迁中的真实事件、真实人物、真实事迹，既有珍贵的史料价值，又有很强的文学性和可读性。许多事件和人物，在过去的新闻报道中都曾见到过。我们中的许多人都有幸成为南水北调中线工程和移民搬迁的参与者，许多事件我们都是亲历者，许多人物我们都接触过。但此次用文学的笔法近景式地、特写式地又把这些镜头重现在世人面前，再次给人以震撼，再次给人以精神上的洗礼。这是介绍南水北调中线工程和弘扬宣传南水北调精神不可多得的好读本，必将激励人们在践行社会主义核心价值观的实践中展现新的风采，为实现中华民族的伟大复兴的中国梦注入强大的精神动力，同时也将对广大青少年了解认识南水北调中线工程建设和伟大的南水北调精神大有裨益。愿该书成为南水北调精神教育、放大、延伸、传承的良好平台和有力工具。

伟大的胸怀，伟大的决策

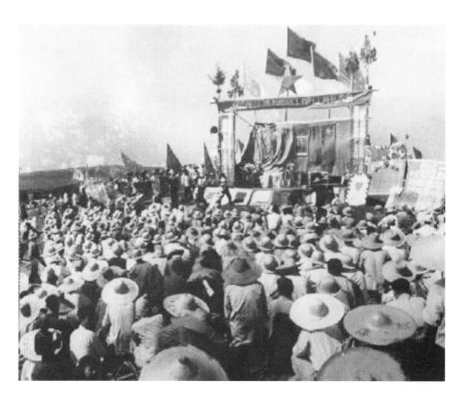

1958 年 9 月 1 日，丹江口水库开工典礼。

1 巨人的目光

1952 年 10 月，毛泽东视察黄河。

上面是很著名的一幅照片，曾经贴遍千家万户堂屋的墙壁。毛泽东中装布履，双手抚膝，目光望向远方。他的身边就是滚滚东流的黄河；远方，还是黄河，黄河之水天上来！可以看清，他坐的地方，就在黄河的岸边上，黄河的浪花，仿佛已经溅湿了他的中山装。但他心骛八极，凝目远望，浪花与涛声，皆在云天外。

1952 年 10 月 26 日至 11 月 1 日，毛泽东利用中央批准他休假的时间，顺着山东、河南等省黄河沿岸，专程考察黄河。10 月 30 日，毛泽东乘专列前往黄河东坝头，徒步登上大堤，来到当年铜瓦厢黄河决口改道的地方。毛泽东向陪同的黄河水利委员会主任王化云了解当年黄河决口等情况。午饭后，毛泽东很有兴致地向王化云询问起治理黄河的规划情况。毛泽东说：南方水多，北方水少，如有可能，借点水来也是可以的。31 日，毛泽东专列途经郑州，下车到邙山考察，观察黄河在这一带的走向、水势、流量和黄河铁路大桥的情况。乘毛泽东坐下极目远眺时，摄影师按下了快门，留下了前面那幅著名照片。此时，毛泽东也许在进一步思考昨天说过的从南方调水问题。

1953 年 2 月 19 日，毛泽东乘长江舰由武汉去南京。他把长江水利委员会（又称长江流域规划办公室）主任林一山喊到舰上，问道："北方水少，南方水多，能不能把南方的水调一部分到北方？"林一山爽快回答："可以。"毛泽东又问："这个问题你想过没有？"林一山回答："没想过。"

直到 30 年以后，当北中国遍地喊渴的时候，当黄河断流、白洋淀干裂的时候，我们才深切地体会到，当年毛泽东坐在黄河岸边望向远方的是多么深邃、多么伟大的目光啊！那是 4 亿 5000 万中国人中，唯一一束警醒的目光，是巨人的目光，穿透时空，照亮了历史的前方。

2　北中国的呼喊：渴！渴！渴！……

　　新中国成立的时候，我国人口号称 4 亿 5000 万；20 世纪 60 年代，号称 6 亿，"春风杨柳万千条，六亿神州尽舜尧"；80 年代，11 亿；进入新世纪，13 亿。据《北京统计年鉴》、《北京改革开放二十年》等书披露，北京的常住人口，新中国成立时仅 203 万，到了 2003 年

干渴的土地干渴的人。

增加到 1788.6 万，另加每年几百万的流动人口。人口增长了数倍，大多数人的生活条件也优越了数倍。旧社会吃水是一担一担地往家挑，自然是省之又省；新社会是自来水，水龙头整日哗哗地流淌。每个人的水消费量成十倍地增长。再加上经济发展，工业用水大量增加；还有植被破坏、环境污染……终于，曾经涌涌荡荡的北中国的水，快被喝干了。

历史上，北京曾是一个富水地区，河流纵横，水泊遍地。听听北京城的地名吧：昆明湖、团城湖、太平湖，中海、北海、南海、什刹海，玉渊潭、积水潭、黑龙潭，玉泉、一亩泉、白浮泉，东坝河、西坝河、三里河……到处是水呀！到了 20 世纪 50 年代，北京周围光水库就有 85 座。可是，进入 80 年代以后，这些水库都相继干涸了，只剩下密云和官厅两座还有一点水。官厅水库 50 年代蓄水量 19 亿立方米，到了 90 年代，只剩下 1 亿立方米。两口"水缸"用不上了，就开采地下水，打井。30 年来，北京共打井 4 万多眼。北京南面的二七名城长辛店，地下水已全部枯干。北京市的潭柘寺一带，曾经有一处深潭，名老龙潭，但老龙潭早就干了，人工凿井，钻了 400 米才见到水。由于水量不足，1988 年夏天，北京自来水降压供水 958 小时，数百家企业被勒令停产。民间有句老话，天为气悬，地为水悬。由于过度开采地下水，地下

昔日的小船搁浅在干裂的湖底。

水位已近基岩，导致河北、河南、山东漏斗区面积达 9 万多平方公里；北京地表下沉 1 米，天津地表下沉 2.6 米。整个华北，基本上有河皆干。我们的母亲河——黄河，也淌尽了她的乳汁，从 1972 年至 1998 年，共有 21 年断流，其中 1997 年共断流 13 次，浩瀚的渤海里，竟然 226 天没有一滴黄河水流入！

渴！渴！渴！……整个华北都在呼喊，所有北中国人都在期盼，期盼毛泽东 50 年前北方向南方借水的伟大设想能够早日实现！

3 50年：慎重而漫长的决策

让我们仍然回眸1953年。

1953年2月19日，毛泽东主席乘长江舰从武汉至南京视察长江。长江水利委员会主任林一山在主席面前打开了长江流域地形图。毛泽东拿着红蓝铅笔，在白龙江、嘉陵江、汉江上画了许多杠杠。最后，他把红蓝铅笔点在了丹江口，这里是丹江与汉江的交汇处。主席问："这里的水能不能调到北方？"林一山忙说："这里可能最好。"毛主席当即指示："你回去以后要立即派人再勘察，一有资料就立即给我写信。"22日，林一山又向毛主席汇报了长江防洪和修建三峡大坝的初步设想。毛主席对林一山说："三峡问题暂时还不考

1953年2月19日，毛泽东主席与长江水利委员会主任林一山在长江舰上讨论南水北调问题。

虑开工，但北方向南方借水的工作要抓紧。"

根据毛主席的指示精神，1958年8月29日，中共中央发布《关于水利工作的指示》："全国范围的较长远的水利规划，首先是以南水（主要是长江水系）北调为主要目的，即将江、淮、河、汉、海各流域联为统一的水利系统的规划，……应加速制定。"这是"南水北调"一词第一次出现在中央文件里。从此，一个新的世纪热词——南水北调，诞生在中华词典里，喷薄在中华儿女的血液里。

1958年9月1日，丹江口水利枢纽工程开工，这既是汉江下游的防洪工程，也是南水北调的初期枢纽工程。

又等了10年，1969年1月，南阳引丹灌溉工程动工，这是南水北调前期试验性工程，是南水北调源头处的一段，全长12.35公里，可灌溉150多万亩土地。

北方的水资源枯竭压力逐年增大，但南水北调的步伐却是迟缓的。因为它太复杂了，哪一步走错，都将是千古遗恨。

又等了近20年，1987年9月，长江水利委员会向国家提交了《南水北调中线规划报告》。水电部组织各学科的专家学者，对该报告进行一遍又一遍的审查、论证。著名作家梅洁在她的《大江北去》一书里这样描写道：

> 从这一年开始，围绕一个漫长的关于汉江能否给北方调145亿立方水的质疑，以及加坝调水还是不加坝调水，以及汉江中下游工程补偿问题，以及库区移民补偿偏低问题，以及东线工程先上马还是中线工程先上马的争论，以及资金筹措、调水运营机制、调水源头环境、生态、污染等等错综复杂的问题，在上至中央政府、国家计委、国务院南水北调办

公室、水利部、长江委，下至东线、中线七省市（湖北、河南、河北、江苏、山东、北京、天津）各级政府，以及一大批国家水利、经济专家之间，展开了艰苦细致、科学民主的研究、争辩，再研究、再争辩，然后规划、论证、审查，再规划、再论证、再审查，几十次、上百回的轮回之后，直至形成上百万言的《南水北调工程总体规划》，人们称之为《总规》，这一时间长达22年！

一届又一届的县长、市长、厅长、省长，一届又一届的处长、司长、部长、总理、总书记，一代又一代的专家、学者、权威……一个眼下和未来的"中国水"的问题，不知成为多少中国要人心中最沉重的话题。

随着水资源短缺形势的严峻，南水北调的步伐加快了。梅洁的记录开始密集：

2002年是中国水利史上最不平凡、也是最难忘的一年——

这一年的5月8日至9日，温家宝副总理一行17人抵达丹江口市，在对库区丹江口市、郧县以及引水渠首淅川陶岔考察完毕之后，温副总理发表了重要讲话。

……

10月9日，朱镕基总理主持召开国务院第140次总理办公会，批准了丹江大坝加高工程的立项申请。

10月10日，江泽民总书记主持召开中共中央政治局常务委员会会议，审议通过了经国务院同意的《南水北调工程总体规划》。

　　12月23日，国务院正式批复《南水北调工程总体规划》。

　　12月27日，南水北调工程开工典礼在人民大会堂举行，朱镕基总理宣布南水北调工程开工！

　　从毛泽东1952年10月在黄河边发出"北方向南方借点水"的想法，到2002年12月朱镕基在人民大会堂宣布南水北调工程开工，一个长达整整50年的关于"中国水"的梦想，终于尘埃落定！

　　一个伟大的世纪工程开工的鞭炮声炸响了，它响得惊天动地，因为它憋了50年，憋足了劲，也憋足了精神！

4　宏伟的蓝图

　　按照《南水北调工程总体规划》的蓝图，南水北调分东、中、西三线，沟通长江、黄河、淮河、海河四大河流，在中国构成三纵四横的水网体系，从根本上解决北方缺水问题。工程计划总投资5000亿元，建设周期50年。这是只有中国共产党才有的伟大气魄，这是只有改革开放后的中国才能创造的世界奇迹。

　　西线工程计划在长江上游通天河、支流雅砻江和大渡河上游筑坝拦水，开凿穿过长江与黄河的分水岭巴颜喀拉山的输水隧道，调长江水入黄河上游。西线工程的供水目标主要是解决青、甘、宁、内蒙古、陕、晋等6省（自治区）黄河上中游地区和关中平原的缺水问题，年规划调水170亿立方米。

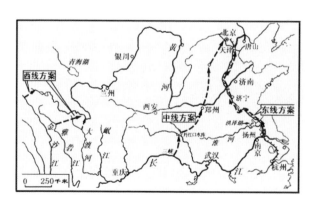

南水北调工程规划线路示意图。

西线工程位于青藏高原东南部，属高寒缺氧地区，自然环境恶劣，交通不便，地质条件复杂，技术难点多，工程投资大，目前还处于论证阶段。

东线工程规划从江苏省扬州市附近的长江干流引水，利用京杭大运河以及与其平行的河道输水，主要解决调水线路沿线和胶东地区的城市及工业用水，改善华北地区的农业供水条件，并在北方需要时，提供生态和农业用水。由于地势南低北高，采用分级提水的方式，总提水扬程65米。它拥有世界上规模最大的泵站群，共建立泵站34座，总装水泵台数160台。工程共计投资420亿元，干线总长1467公里，于2002年12月开工，2013年12月竣工。

中线工程规划从丹江口水库东岸河南省南阳市淅川县陶岔引水，经长江流域与淮河流域的分水岭南阳方城垭口，沿唐白河流域和黄淮海平原西部边缘开挖渠道，在河南省荥阳市王村通过隧道穿越黄河，沿京广铁路西侧北上，注入北京颐和园团城湖，并入北京城市供水系统。初期年均调水量95亿立方米，远期130亿立方米，可大大缓解河南、河北、北京、天津4个省市沿线20多座大中城市生活和生产用水短缺问题。干渠幅宽百米，全长1432公里，跨渠桥梁1900多座，总投资（截至2014年12月通水时）达2103.6亿元。这里与东线不同，丹江口水库大坝加高至176.6米后，陶岔与北京的水位落差近100米。这是中线工程的最大优势，全程自流入京，不用建泵站，不用电力输水，极大减少了输水成本。这里的另一个优势是，丹江口水库的水来自丹江中上游，丹江发源于秦岭南麓的凤凰山，自陕西商洛，一路向东南奔流，直到在湖北丹江口注入汉水前，都曲折蜿蜒在崇山峻岭中，没有经过大城市和人口密集区，没有经过现代环境的污染，清澈而洁净，水质自然保持在Ⅱ类饮用水标准。这是大自然赐予华北儿女的无可替代的一湖生命之水。

2003年12月30日，南水北调中线工程的大型挖掘机在河北省滹沱河边挖下第一铲；2005年9月26日，启动丹江口水库大坝加高工程；2009年12月28日上午10时，南水北调中线工程总干渠渠首陶岔枢纽工程的奠基鞭炮在南阳市淅川县九重镇陶岔村炸响。历史给南阳人一次严峻的考验，也给南阳人一次千载一遇的机会——南阳人的精神被一渠丹水书写在中华大地上。

══ 延 伸 阅 读 ══

南水北调工程创下的"世界之最"

——世界规模最大的调水工程。南水北调工程横穿长江、淮河、黄河、海河四大流域，涉及十余个省（自治区、直辖市），输水线路长，穿越河流多，工程涉及面广，效益巨大，是一个十分复杂的巨型水利工程，其规模及难度国内外均无先例。仅东、中线一期工程土石方开挖量 17.8 亿立方米，土石方填筑量 6.2 亿立方米，混凝土量 6300 万立方米。

——世界距离最长的调水工程。南水北调工程规划的东、中、西线干线总长度达 4350 公里。东、中线一期工程干线总长为 2899 公里，沿线六省市一级配套支渠约 2700 公里，总长度达 5599 公里。

——世界上受益人口最多的调水工程。南水北调工程供水规划区人口 4.38 亿人。仅东、中线一期工程直接供水的县级以上城市就有 253 个，直接受益人口达 1.1 亿人。丹江口水库大坝加高后，可增加防洪库容 33 亿立方米，与非工程措施和中下游防洪工程相配合，可使汉江中下游地区的防洪标准由目前的 20 年一遇提高到 100 年一遇，消除 70 余万人的洪水威胁。

——世界水利移民史上移民搬迁强度最大的调水工程。南水北调中线丹江口大坝因加高需搬迁移民 34.5 万人，移民搬迁安置任务主要集中于 2010 年、2011 年完成，其中 2011 年要完成 19 万人的搬迁安置，年度搬迁安置强度及搬迁安置人口在国内和世界上均创历史纪录，在世界水利移民史上前所未有。

（来源：新华网）

南水北调中线工程河南段"八大难题"创世界之最

难题 1：渠首

地点：南阳市淅川县九重镇陶岔村。工程包括上游引渠、引水闸及电站。渠首闸坝高 176.6 米，引水闸分 3 孔，闸总宽 31 米，设计流量 350 立方米 / 秒，被誉为"天下第一渠首"。工程于 2009 年 12 月 30 日开建，2013 年 8 月 1 日通过国务院南水北调办公室验收。

难题 2：湍河渡槽

地点：邓州市十林镇、赵集镇之间湍河上。总长 1030 米，18 跨，槽身采用 U 型梁式渡槽，并行横跨，三线通水，内径 9 米，单跨 40 米，最大流量 420 立方米 / 秒，重 1600 吨。其内径、单跨度、流量均居国内外同类工程之首，是目前世界上最大的 U 型输水渡槽。工程于 2010 年 12 月 28 日开工，2013 年 9 月 28 日主体完工。

难题 3：膨胀土试验段

地点：南阳市卧龙区靳岗孙庄。这种土在工程建设上叫作"膨胀土"，遇水膨胀，失水收缩，是世界公认的"工程癌症"。从南阳渠首到北京团城湖共有 400 公里要穿越膨胀土地区，其中河南省境内 340 公里。位于南阳市卧龙区靳岗孙庄东的膨胀土试验段，是南水北调的先行工程，一举破解膨胀土这一世界施工难题。

难题 4：方城垭口工程

地点：南阳市方城县垭口。这是丹江水翻越伏牛山和桐柏山山口、进入黄淮平原的关键工程。这里除了膨胀土，还有高渗水地层、淤泥带、流沙层、硬岩等复杂地质结构，被认为是整个南水北调中线工程河南段施工难度最大的标段。工程于 2011 年 3 月 15 日开铲，

2013 年 8 月 3 日竣工。

难题 5：沙河渡槽

地点：平顶山市鲁山县。总长 11.938 公里的沙河渡槽，结构复杂，过水断面由梁式渡槽、箱基渡槽及落地槽三种结构形式组成。梁式渡槽的 U 型槽身单个重达 1200 吨、近 4 层楼高，槽身厚度只有 35 厘米。

难题 6：穿黄工程

地点：郑州市荥阳市。穿黄工程被视为南水北调中线工程的咽喉，是人类历史上最宏大的穿越大江大河的工程。隧洞全长 19.3 公里，双洞平行，内径 7 米，距离黄河水最近的地方只有 23 米。工程于 2005 年 9 月 27 日开工，2012 年 12 月 30 日隧洞主体工程完工。

难题 7：高填方

地点：焦作市。长 12.9 公里，平均填土高度在 10 米左右，是整个南水北调中线工程中唯一一条穿越中心城区的"地上悬河"。

难题 8：穿漳工程

地点：安阳市安丰乡与河北省邯郸市讲武城镇之间。它是南水北调中线干渠河南境内的最后一个"超级工程"，工程轴线全长 1081.81 米，其中倒虹吸段长 619.18 米，河床下有 70 余米深的沙卵石冲积层，施工难度极大。

（来源:《北京晚报》）

伟大的工程，伟大的建设者

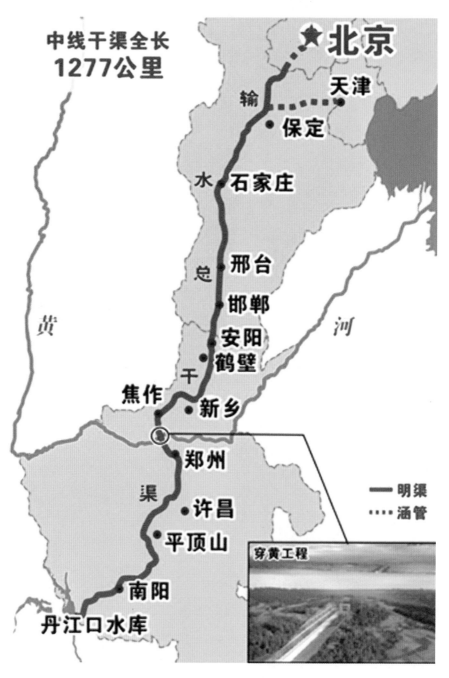

中线干渠全长
1277公里

北京

天津

输

保定

水

石家庄

总

邢台

邯郸

安阳

鹤壁

干

焦作

新乡

郑州

渠

许昌

平顶山

南阳

丹江口水库

黄

河

—— 明渠
····· 涵管

穿黄工程

南水北调中线干线工程路线示意图。

火红的年代火红的心：
丹江口水库建设中的南阳人

1

当南水北调中线工程开工的鞭炮炸响的时候，老一代南阳人无不心潮澎湃，眼含泪水。因为他们想起了 50 年前的那个火红的年代，那个年代里他们为南水北调最初的付出。

在南阳市淅川县境内丹江蜿蜒南流，流到湖北均县，与汉江交汇。交汇处，人称丹江口。经过专家勘探考察，此处不论地理条件还是地质条件，都是建设水库大坝的好地方。在这里建一座大型水库，一可解决汉江下游的洪涝灾害，二可发电，三可为以后的南水北调打基础。

1958 年 6 月，湖北省和长江水利委员会联名向党中央、国务院报送了《关于丹江口工程鉴定会议的报告》，确定了丹江口水库正常高水位 170 米、电站装机容量 75.5 万千瓦的设计方案。

1958 年 8 月，湖北、河南两省 16 个县市 117 个人民公社的 12.6 万民工和全国几十个支援单位的技术人员，陆续开进湖北省均县丹江口水利枢纽建设工地。这项工程的总指挥是时任湖北省省长张体学，副指挥长为时任河南省副省长邢肇棠。

1958 年 9 月 1 日，丹江口水利枢纽工程开工典礼在丹江口右岸火星庙岗举行。沉寂千年的丹江口，漫山遍野红旗招展，锣鼓声、鞭炮声、口号声响彻云霄。民工们打着红旗，抬着决心书，呼着口号进入会场。张体学发表讲话，号召全体施工人员发扬大无畏精神，向自然挑战，让高山低头，叫河水让路，征服汉江，造福人类，用3年时间，完成这个伟大工程。

会场里，民兵第五师和第六师的两面旗帜特别显眼。

当时正是"大跃进"高潮，一切军事化。丹江口水库工地12.6万民工，编为8个民兵师。南阳的邓县和淅川县民工共3.9万人，淅川2.8万人编为第五师，邓县1.1万人编为第六师。近4万南阳子弟，成为丹江口水库大坝建设的劲旅。

1958年11月5日，右岸围堰工程启动，开展大坝合龙竞赛。工

丹江口水库建设中的铁姑娘们。

今天的丹江口水库大坝。

地上热火朝天的劳动竞赛开始了。整个施工现场不足 2 平方公里，集中了几万人施工，站在山头望下去，人如蚁簇。民工们挑着土筐，你追我赶，高音喇叭里不停地播放着挑战书、应战书、决心书。时值冬季，但民工们都穿着单衣，汗水津津，个个头顶上都冒着热气，整个工地罩着一片云雾。夜晚也不停歇，一片火把，好像撒落一地星星。

　　在这次大坝合龙战役中，淅川民兵师、邓州民兵师和湖北天门民兵师组成了左翼兵团。时任第六师三团团长的胡盛轩回忆说："施工初期，我们三团主要是开山打炮眼、装炸药、清石渣。大家昼夜轮班，工地上白天红旗招展，晚上从采料场到江边，火把、汽灯连成了几条火龙。民工们手握钢钎，挥舞八磅大锤，叮叮当当的响声此起彼伏。为加快工程进度，三团大胆采用打大洞、大量装药的方法爆破山头，一次装药 40 吨。爆破时，随着震耳欲聋的炮声，无数巨石被抛向江中，因为巨大的冲击力，下游 30 公里处老河口的水位，瞬间上升了两米。"

12 月 25 日，右岸大坝围堰顺利合龙。10 多万建设者凭着肩挑手推，仅用 50 天的时间，就把一座叫作黄土岭的山头抹平，填进了汉江，筑起一道 1320 米长的围堰。而邓县、淅川、天门三县组成的左翼兵团，在 800 米合龙竞赛中，以提前 100 分钟获胜。一个阳光灿烂的上午，在一艘锣鼓齐鸣、彩旗招展的轮船上，国务院副总理李先念笑容满面，双手捧着一面锦旗，代表左翼兵团接受锦旗的，是淅川县检察院检察长、第五师政委王海申。

大坝合龙竞赛后，南阳民兵师又参加了老虎沟 18 垮填土比赛。南阳人仍然采取放大炮的填土技术，3 次大炮就填土 38 万方，提前一天完成了填土任务，再次获得竞赛胜利。在建设丹江口大坝过程中，3.9 万南阳子弟用汗水、泪水和鲜血，谱写了感天动地的历史篇章，创造了彪炳史册的人间奇迹，先后有 49 名民工在施工中牺牲，另有数十人受伤致残。当年，南阳人一不怕苦、二不怕死、敢闯敢干、敢打硬仗的精神名扬工地，成为 10 多万民工学习的榜样，为南阳人争得了荣誉。

1959 年 7 月，为了实现"两年建成一年扫尾"的目标，总指挥部提出了年底"腰斩汉江"的口号，时间定在 12 月 26 日毛主席生日那一天。12 月 26 日上午 9 点 50 分，丹江口大坝合龙开始。经过 5 个多小时的苦战，终于在下午 2 点 30 分合龙成功。亿万年来奔腾不羁的汉江，终于被人类挽住了笼头，成为造福人类的财富。丹江口水库从开工到截流，仅用了 16 个月时间，创造了世界水利建设史上的奇迹。

由于是"大跃进"时期，过度追求速度，1962 年发现大坝存在严重质量问题，水库建设下马。1964 年重新开工。1967 年 11 月 18 日，经国务院、中央军委批准，丹江口大坝正式下闸蓄水。

而对南阳人来说，这并不是任务的完成，而是伟大的使命刚刚开始，引丹，移民，环境保护……一件件都在严峻地等待着他们。

2 一个老知识分子的兴叹：
南阳人的机缘与宿命

丹江口水库落闸蓄水一年多后，1969 年 1 月 26 日，南阳引丹灌溉工程开工典礼举行。

40 年后，2009 年 12 月 28 日，在引丹工程渠首处，又一次响起振奋人心的鞭炮，飘扬起盛世中国的彩旗。

2009 年 12 月 28 日，南水北调中线陶岔渠首枢纽工程开工动员大会 。胡波 摄

随着陶岔渠首开工的鞭炮声，淅川县九重镇陶岔，伏牛山边缘一个原本偏僻贫穷的小山村，从此成为世界瞩目的焦点。全国各大报纸和电视台都报道了这一消息，全国人民都知道了，河南南阳有一个淅川县，淅川县有一个陶岔村，未来一渠丹水，将从这里流出，荡漾千里，流进祖国的心脏北京。彩旗招展，红色的气球拉着长长的激动人心的标语在碧空里飘扬，各式机械化装备也都披红挂彩停在现场，像等待冲锋陷阵的"钢铁侠"。这是南阳人的节日，不少人驱车百里，前来观礼。

南水北调中线工程开工仪式上的"钢铁侠"。

一位老人站在南水北调中线总干渠的展牌前，一面读着文字说明，一面用手在线路图上寻找。最后，他的手指停在了南阳的方城垭口，仰首兴叹：以宛济京，天降大任，1000年前就定下了，不过那时济的不是北京，是东京。这是南阳人的宿命，逃不掉的！

　　原来，早在 1000 多年前，我们的祖先就曾做过南水北调的尝试，这就是位于南阳境内的襄汉漕渠。《宋史》中对襄汉漕渠的开凿有明确记载。赵匡胤定都汴京（今开封）后，为"广军储，实京邑"，首先疏浚了汴河、蔡河等河流，把漕运视为经济命脉。当时的汴河，是连接黄河、淮河和长江的主要内河航道，但只能解决长江下游的粮食和物资运输，而长江中上游和汉江、湘江一带的粮食物资，必须绕道江淮由运河转运京都，十分不便。这就有了最早的引汉济京的谋划。

　　十余年后，赵匡胤的弟弟赵光义继位。"两浙既献地，岁运米四万石"，漕运更加重要。太平兴国三年（978 年）正月，西京转运使程能上书，提出首先自南阳下向口（今南阳市北 40 里之夏响铺）筑坝置堰，拦截白河引水北上，越过方城垭口，经石塘、沙河、蔡河、睢水，抵达京师汴京，与南方的湘潭漕渠连贯起来，解决南方粮物北运京师之急需。赵光义采纳程能建议，下诏征发民工及官兵 10 万人，施工月余，浚渠百余里，经博望、罗渠、少柘山（今方城二龙山），抵达方城县城东西八里沟一带。然而在方城垭口，由于地势渐高，施工量加大，施工速度极慢。适逢南阳连降暴雨，已竣工的石堰被冲毁，漕渠开挖就此停止。10 年以后，988 年，赵光义决定再次开凿襄汉漕渠，引白河水北上，但终因时代与科技的限制，无法打通方城垭口，而最终搁浅。襄汉漕渠的百里遗迹，从此湮没在尘封的历史中，像中华民族的一个梦，沉睡在南阳的摇篮里。从此，南阳人就有了一个俗语：谁若自不量力，硬要去干力所不及的事，就叫"程能"（逞能）。

　　令人称奇的是，1000 多年以后的南水北调中线工程南阳段，其线路几乎与 1000 多年前的襄汉漕渠重合：过白河的倒虹吸工程，就在夏响铺附近，然后穿方城垭口，走叶县、平顶山、襄城……一个沉睡千年的梦，在南阳大地上醒来了！这是一个老知识分子的兴叹，也是历史的兴叹。

今天的南水北调中线干渠南阳段，穿越淅川、邓州、镇平、宛城、卧龙、方城6个县市区及高新区的27个乡镇，从方城垭口出境，全长185.5公里，占河南省境内长度的1/4、中线干渠全长的1/7。南阳段总干渠平均宽度135米，最大宽度355米，最大挖深47米，水

机声隆隆进工地。

深7.5—8.5米。南阳段共布置各类建筑物328座，其中铁路桥梁4座、公路桥梁177座。工程规划占地11万亩，征迁涉及南阳市8个县市区、35个乡（镇、办事处）、228个行政村（居委会），规划用地10.39万亩，其中永久用地4.14万亩，临时用地6.25万亩。拆迁居民房屋11.69万平方米，搬迁安置人口3148人，生产安置人口23564

人，搬迁企事业单位和村组副业 83 家，迁建电力、通信、广电、管道 1162 条（处） 654 公里。南阳既是南水北调中线工程渠首所在地，又是重要的水源区和主要淹没区，既有移民工程，又有输水干线工程和受水配套工程，是总干渠渠线最长、工程量最大、投资最多、任务最重的省辖市。无论从哪个方面说，都是宋代所无法比拟的。这是压在南阳人肩上的一副重担，也是南阳人的自豪和骄傲。历史，总是这样眷顾南阳！

3 一个引丹老兵的感动：千军万马与机器轰鸣

　　南水北调总干渠南阳段全线动工了。天天都有南阳人到施工现场参观，流连，逡巡不去。是好奇，是挂牵，还有一份对往事的怀念。

　　因为，40年前，南阳人就修过南水北调，那时叫引丹灌区。

　　1968年12月18日，水电部给长江水利委员会革委会发电报通知："我们关于豫鄂两省要求从丹江口水库引水灌溉的报告（已抄知你会）已经国务院业务组同意，计划由国家计委下达。"引丹灌溉工程隆重上马。它是汉江丹江口水利枢纽综合利用的组成部分，也是千里南水北调总干渠的前期工程。控制源泉的水龙头叫渠首闸。渠首闸位于南阳地区邓县九重乡陶岔村（现属淅川县）北，丹、唐水系分水岭的汤山与禹山垭口处。闸为5孔，每孔宽6米，高6.7米，底板高程140米，闸顶高程162米，世称陶岔渠首闸。干渠自渠首闸向东，利用排子河上游河谷，沿禹山北坡开挖渠道，渠道口宽100—300米，底宽2—8米，比降1/8000，总干渠长7.95公里。

　　40年后，一位当年曾参加过引丹工程的老建设者李进群站在重新开挖的老渠岸边，忍不住热泪盈眶，感慨万千。当年，他们是用架子车一车一车地将挖土往堤岸上拉的，由于坡度太陡，要用钢丝

伫立在干渠边的南水北调老兵。

绳牵着车子，有一次，他的胳膊被绞到了钢丝绳里，从此他失去了一只胳膊。但40年来，他一直没有失去将丹江水送到北京的梦想。他每天都在渠首巡逻，看见垃圾就捡起来。

现在，他站在渠首岸边，顺着渠道望去，推土机、挖掘机、运土重卡……组成长长的钢铁巨阵，隆隆的轰鸣声数里外都听得见。他望不到人，顺着渠堤向前走了一段，才看见在一个蓝色遮阳伞下，坐着3个人在喝瓶装矿泉水，面前的简易桌上放着一沓图纸。这么大的工程不见人，真是难以想象。而40年前，他记得，是1969年1月，正值隆冬，北风呼啸，从陶岔向东的工地上，密密麻麻如蚁般布满了人群，那可真叫千军万马呀！那时，是把工程当战争来打的，参加修渠的人不叫民工，而叫民兵，师团营连排，全部军事化建制。光邓县就组织民兵4.2万人，南阳县、镇平县、方城县、唐河县、新野县、社旗县6县组织民兵4.5万人。民兵们从几十里、上百里外，背着破行李卷，扛着耙子铁锨，用架子车拉着棍棒、柴草、红薯等原始工具和生活用品，浩浩荡荡开赴渠首陶岔，开始了一场"住草棚—喝黄水—吃红薯面窝头"的苦战。那时的工具，就是耙子、铁锨、撮箕、架子车。但人们革命热

南水北调工地上的钢铁巨阵。

民工用简陋的挖掘工具施工。

情非常高昂，到处是口号声，口号声比现在的机器声还要高。

工程于 1974 年底结束，渠线总长 12.35 公里，历时 6 年。

而今天的南水北调，是全线开工，1400 多公里，计划工期 11 年，整个工地上竟很少看到人影。肉体的苦役，变成了钢铁的欢唱。这就叫天翻地覆，这就是改革开放后的中国啊！

一个饱经沧桑的南水北调老兵，站在新开工的渠首工地上，无法不感动，无法不热泪盈眶，无法不为我们祖国的进步和强盛而自豪！

4　一个引丹老干部的凭吊：
千里丹水祭英魂

　　最牵挂南水北调总干渠全线开工的，是那批当年引丹工地上的老干部。当年，他们带领数万南阳子弟，在引丹工地苦战6年。他们以血肉之躯，与土石拼搏，先后有153位子弟献出了宝贵的生命，有2880人负伤致残。总长12.35公里的引丹工地，平均每公里负伤致残的民工高达233人，牺牲的民工达12人。在引丹工程建设的6年中，

2013年2月19日，引丹渠首老闸被拆除。

几乎每一天都有民工负伤致残。一个引丹老干部站在渠首工地上，定定地远望着施工的钢铁长龙。现在是钢铁与土石的对决，人呢？人在机器里坐着，人在遮阳棚里指挥，人在都市里逛街，人在超市里购物，人在歌厅里唱卡拉 OK……

但是，我们不能忘记，当年的陶岔工地，那红旗猎猎万头攒动、呐喊阵阵炮声隆隆的雄伟场面。当年，引丹所在地邓县，青壮年劳力几乎全部到过陶岔工地参加施工，他们不怕苦、不怕累，弟弟牺牲哥哥上，祖孙三代齐上阵，动人故事车载斗量。

我们不能忘记，当年的陶岔工地，来自南阳县、新野县、唐河县、社旗县、邓县、镇平县、方城县的数万民工自己开荒种地挣口粮，挤草棚，喝泥汤水，吃红薯面窝头，蘸咸辣子汁。广大干部和民工每天劳动 12 个小时，每半月休息一天，成为"不穿军装的军人，不是工人的工人"。

我们不能忘记，当年的陶岔工地，民工们顶风雪冒严寒，用镢头和架子车等简单原始的劳动工具，创造了惊天地泣鬼神的英雄史诗，完成了南水北调中线渠首工程，为南水北调工程铺下了第一块牢固的基石，创造了"自力更生，艰苦创业，敢于吃苦，无私奉献，团结拼搏，务实创新"的陶岔精神。

我们不能忘记，当年那一个个热火朝天、波澜壮阔的劳动场面。

陶岔工程一上马，民工们就展开了一场"住草棚—喝黄水—吃红薯面窝头"的苦战。由于工棚是冬天用黄胶泥冻土搭建的，到了 1969 年春天，天气转暖，工棚里到处是泥水，热气不断蒸腾，民工们就睡在这潮湿、闷热的工棚里。几万人吃水靠淘土井，但打上来的是黄泥水，凑合着澄一澄再用。一天三顿饭，几乎顿顿是红薯面窝头加高粱面汤，不少人得了严重的胃病。尽管条件艰苦，但在绵延 10

多公里的建设工地上，彩旗招展，人山人海，到处是"愚公移山、改造中国"、"南水北调、引汉济黄"的大幅标语。民工们黑压压、一片片，挥镐挖土，肩挑车拉，挥锤打钎，开山炸石，口号声此起彼伏。当年只有 20 岁的民工刘殿信，至今回忆起当时的场景来仍激动不已。

为了加快工程进度，民工们依靠胆识和聪明才智，发明了挖"神仙土"、"爬坡器"、"飞车"等方法和工具，大大提高了工效。曾参加过工程建设的屈泽江老人回忆说："挖'神仙土'就是在土方上边开一道口子，然后在口子的底部掏进去几尺深，再从上面用一行钢钎砸下去，让人用锤往下别，一批土别下去，就有几十车。"挖"神仙土"虽然高效，但有极高的危险性，往往下边的民工在掏土时，上边的土就垮塌下来，不少民工因此致残或牺牲。民工李显勇为救工友被土方压死，民工秦永顺为排哑炮一只手被炸掉……

千里长渠舞神州，盈盈碧波照汗青。"陶岔两岸和渠底的每一寸土地，都掺着民工们的血和汗，渠首就是我们用血、用生命建成的！"屈泽江老人回忆起当年参加施工的历历往事，禁不住热泪盈眶。

这些民工尽管丢下妻儿老小很久了，但是他们在闲暇时不免要想到自己的家人，也许有的人不时还会想起家里的猪啊羊啊，也许一场暴雨之后，有人会想到家中房子是否又漏雨了，院墙是否又倒塌了。那些年轻的丈夫，无疑会不时想到家中年轻的妻子。倘若妻子正怀着孕，他一定不时会想到妻子的肚子怎样一天天地显山露水，梦中也不止一次地梦到儿子的降生。他们喝的是小水塘的水，住的是亲手搭起的草棚子，抽的是家里带来的老旱烟；面对的只有山，只有石头，只有荒草树毛子；吃的是从家里带来的红薯干、红薯叶、红薯面。一

1969 年的引丹工地：千军万马战犹酣。

阵大风过来，狂风横扫着大地，地面飞沙走石。夏天的时候，天气更是炎热，仿佛一个火星就会引起爆炸似的。天不明，蝉就高声叫："热——热——"一直叫到夜里 12 点。鸟儿都热跑了，平时成群在草丛里飞，现在一个也看不到了。可是，这里却有数万民工，数万南阳子弟，光着膀子，挥舞着耙子铁锹，抬着土筐，曳着架子车，嗷嗷欢叫着，万马战犹酣。他们一天在家里记 10 个工分，10 分到年底最高可分 3 毛钱，低的只有 8 分钱。但他们知道自己修的是南水北调引丹工程，这工程要修到北京去，渠里的水是让首都人民喝的，是让伟大领袖毛主席喝的，所以他们一不怕苦、二不怕死，干劲冲天。

我们更不能忘记，就在我们脚下的泥土里，浸润着我们 2880 位子弟的鲜血；在我们面前流荡的空气里，游动着我们 153 名子弟的英魂。他们也在参观 21 世纪总干渠全线开工的壮观景象吗？当年，他们对首都北京多么向往啊！对伟大领袖毛主席多么崇敬啊！把丹江水引到北京，让首都人民和毛主席喝上南阳的丹江水，死而无憾！

但可惜只修了 12 公里多。我们相信，当年牺牲的南阳子弟，都是死不瞑目的，他们的英灵始终在引丹工地上徘徊，不甘心离去。现在，南水北调中线全线动工了，1400 多公里长啊！南阳的丹江水真的要通到北京了！江水喟喟，长风鼓耳，那是英魂的笑声吗？

2014 年 12 月 12 日 14 时 32 分，南阳陶岔渠首新水闸提闸放水，丹江水以每秒上百个流量，从闸门里汹涌而出，像一条用南阳的独山绿玉雕成的巨龙，涌涌而动，向着干渴的北方奔腾。14 时 32 分，象征着从渠首到北京、包括天津段的总距离 1432 公里。好长的一渠水啊！当年的引丹老干部又来到了干渠边。他望着荡荡北去的碧水，觉得这是一渠甘露，是一渠美酒，他想掬一捧，向长空一奠……

5 引丹英雄谱

在数不胜数的英雄故事中，最令人刻骨铭心感慨不已的，除了那一场场浪卷涛翻、惊心动魄的丹江口水库大坝围堰合龙战外，就是为引丹敢拼命的英雄事迹。

南水北调渠首旧貌：引丹工程跨渠老桥和水闸。

工程指挥部副政委张焕新，当年四十来岁，身材高大，腰身壮实，"文革"前是邓县县委党校副校长，大小算是个文化人。在渠首工地上，他每天早上5点钟起床。民工上工他跟着上工，和民工干一样的活，出一样的力，流一样的汗；民工下工他仍在工地，直到清理完施工现场，才最后一个离开工地。

1969年10月的一天，张焕新照常和民工一起拉车向渠顶运土。车子走到半坡，牵引钢丝绳上的挂钩由于长期磨损，"嘣"的一声折断。装满弃土的架子车失去动力牵引，开始顺坡滑行，而身后的民工还浑然不觉。望着毫无防备的民工，张焕新毫不犹豫地冲向车后，一个翻身躺在车轮下面，用身体顶住了下滑的重车。实在是万幸！虽然衣服蹭烂了，脊背上划出条条血道子，但车子总算顶住了。事后，所有人都感到心惊肉跳：如果顶不住下滑的重车，车子冲下堤坡，冲向人群，不知道要有几个人丢掉性命啊！

邓县水利局技术干部、后曾长期担任邓州市副市长的欧阳彬，是渠首引丹工程从始至终唯一一个亲历人、当事人、见证人。在渠首工地上，欧阳彬只是一名普通工程技术人员，却由于工作职责的特殊性，由于对工作的高度责任感，对工程建设起着上接下联、穿针引线、通观全盘的作用。他视引丹事业如生命，把全家接到陶岔工地，一家3代6口挤住在12平方米的草棚里，一住好几年，连小女儿汉英都是在简陋的工棚里出生的。他对渠首工程的热爱，对引丹事业的执着，令人荡气回肠，百感交集，感慨万千。

曹嘉信，时任邓县县委常委、邓县武装部副部长，被任命为引丹指挥部第二任指挥长。一到工地，他就刻苦钻研业务，认真履行职责。上任刚一个星期，河南省军区副司令员李谦到工地检查工作。曹嘉信不拿稿子，不看本子，条理分明，详详细细汇报了一个半小时。

李副司令很是惊讶，问曹嘉信："你才到工地，为什么熟悉这么多情况？"曹嘉信说："我是县委常委，要对得起邓县一百多万人民；我是军人，必须与军队的威信相称。"李副司令非常赞赏，并通过南阳地委，对曹嘉信进行了表扬。过了两个月，地委决定由张天一担任渠首工程建设指挥部指挥长，曹嘉信为副指挥长，成了二把手。他从工程建设的大局出发，愉快接受了组织的任命，始终如一地为工程建设费心操劳，处处以身作则。在陶岔的 4 年中，他没有请过一次假，3 个春节都坚守在渠首工地，大年初一还和民工一起劳动，一直干到渠首工程最后完工。

郭广宗，时任工地后勤组副组长，掌管着数万民工的吃喝拉撒。在那个物资极度匮乏的年代，应该说饿得了别人，饿不着郭组长。但他为了让民工们吃饱饭，自己却浑身浮肿，一天之内竟然饿晕过去好几次！

黄文定，构林民工营营长。石盘岗是丹江和唐白河的分水岭，地势较高，容易遭受雷击。在一次闸基开挖施工中，忽然遇到雷暴天气。原本平静的天空突然间雷声隆隆，道道闪电发出刺眼的白光，犹如一把把利剑从空中直劈下来。民工们缺乏防护知识，浑然不知躲避，仍在继续抡锤打钎。正在附近带领民工施工的构林民工营营长黄文定看到后，不顾个人安危，冒着遭受雷击的危险，撒开双腿往石盘岗跑去，边跑边大声喊："危险！危险！快往岸口跑！"待他快到岸口时，一道电光"唰"的一闪，击中了 13 名民工。民工们口鼻出血，昏倒了过去。黄文定赶到后，立即组织抢救，使这些人转危为安。雷鸣电闪之中，共产党人的高大形象跃然而出，金光闪闪，慷慨凛然！

郭如泉，邓县引丹工程指挥部第一副指挥长，"文革"中受到残酷迫害。在渠首工程开工前，郭如泉名义上毕竟还是邓县的县长，而在渠首工地，他却失去了任何党政职务。原来的下级成了自己的上级，原来的领导成了被领导，原来大名鼎鼎的郭县长，成了众人眼里普普通通的老郭。为了渠首建设，他受任于动荡之际，奉命于危难之间，不讲名分，不计地位，从渠首工程异常艰难时进入工地，到1970年底调离工地，一直对工程建设起着中流砥柱的作用。在那个极左横行、人人自危的年代，为了加快工程进度，他不顾个人安危，顶着极大压力，铁骨铮铮，浩气耿耿，提出实行劳动定额管理的建议，要求建立包工包干的生产管理制度，极大提高了劳动效率。事过40多个春秋，当我们仰视渠首建设的辉煌成就时，不能不由衷敬佩郭如泉怀瑾握瑜、光风霁月的政治品质和高贵人格。他为渠首建设作出的贡献，渠首建设者尽人皆知，有口皆碑。直到今天，当年奋战在渠首工地的民工们，都还记得老县长拿着旱烟袋在工地上与干部、民工亲切交谈的高大身影。许多人一谈到当年的郭指挥长，还禁不住心头一阵阵发热。

如果说渠首工地上的各级干部，是响当当、硬邦邦、砸不烂、碾不碎、摧不垮、压不弯的铁脊梁，那么渠首民工就是钢铁战士。

邓县构林公社民工陈志刚，为了解决土方开挖问题，和其他民工一起，摸索出一种"打憋子"施工方法，就是在要起土的地方，先挖一个土崖子，继之把土崖子的底部掏空，使崖子底部以上的土层悬空，然后在崖子的上面用木桩使劲砸揳进去，将坚硬的土层别开，使之成批向下垮塌，起到开挖渠土的作用。这种施工方法能够大大提高挖掘效率，但对施工者存在着一定的危险性。为了增加施工安全性，陈志刚冒着被埋在土里的危险，反复进行试验。不幸在一次试验中，被垮塌下来的泥土埋在里边，光荣牺牲。在牺牲的前一天，陈志刚给工程指挥部写了一封信，希望尽快找出既能加快施工进度又不出事故或少出事故的施工办法。信的最后，陈志刚诚恳地向领导提出："我今后如果牺牲，不要追究其他人的责任。即便死，也是为南水北调而死，为人民利益而死，是光荣的！"

胡存有，发现爬坡器的滑轮附件堆满了土，非常焦急，他想：如果不迅速排除这些泥土，就会影响滑轮转动，正在运土的同志就有翻车的危险。但是滑轮运转的速度很快，要排除这些泥土又很危险。危险吓不倒英雄汉。胡存有迎着艰险冲上去，全神贯注，奋力拆土。不料，钢丝绳的接头处挂住了他的右腿，右腿霎时被卷入飞转的滑轮，在场的同志们看到这种情况焦急万分，不约而同地飞奔过来，拼命地拉住飞转的钢丝绳。当机器停下来的时候，胡存有已昏倒在地，鲜血一个劲地往外淌。

邓县元庄公社梁寨大队的民工李显勇，在工地上时时打头阵，事事当先锋。1970年9月14日上午，李显勇拉着架子车在工地上运土，工地上热气腾腾，李显勇拉着一辆架子车正要往爬坡器绳上挂，只听身后"扑通"一声巨响，紧接着传来了呼声。出现意外塌方了。他立即放好车子，一个箭步冲上去，拼尽全身力气扒土。很短时间，露出了一个人的头部，徐富均得救了！李显勇把徐富均搀起来，迅速去救另一个战友。他用力扒土，十指出血。

"危险，快闪开！"有人大声喊。

"救人要紧！"李显勇也大喊。话音刚落，突然又一声巨响，尘土飞扬，上百方土石掩埋了李显勇！这一年，李显勇43岁，他的哥哥李显堂47岁。李显勇牺牲后，李显堂忍着悲痛处理完弟弟的丧事，随即告别年迈的母亲，拉着一辆架子车，奔赴渠首工地。

邓县彭桥公社玉皇大队共产党员耿照芳，是一位有名的"老水利"。1958年9月,丹江口水利枢纽刚开工建设,耿照芳就在全村第一个报名,参加了邓县民兵师,奔赴丹江口,在丹江口大坝工地上整整奋战了5个年头。引丹渠首工程一开工,他又主动报名参加。在陶岔渠首工地,耿照芳数年如一日,天天拼命干,处处当模范,脏活重活抢在前,危险时刻冲在前。在一次施工中,渠坡上的一块大石头突然松动,从高处滚落下来,裹起的尘土夹着砸地的"咚咚"轰响,毫无阻拦地向坡下正在施工的人群砸去。石头越转越急,越滚越快,离渠底的民工越来越近。眼看大祸就要发生,同伴的性命危在旦夕!千钧一发之际,身材魁梧的耿照芳奋力冲了上去,用全身扛住石头。工友们脱险了,耿照芳却身负重伤。

邓县白牛公社的民工秦永顺,在工地上负责爆破工作,干的是蹚着刀尖进虎口——步步危险的活儿。但所有的难事儿苦事儿,秦永顺都统统置之脑后。在一次施工爆破中,一位安装炸药的民工出了问题。秦永顺看到后,立即上前帮助他排除了故障。然而,当他左手握着排除事故取下来的3只雷管去引爆自己的炮时,没想到手中的雷管却被意外点燃,突然爆炸。"轰隆"一声巨响,秦

一位当年致残的引丹老兵在渠首边凝望。

永顺的左手被炸飞！一只勤劳灵便、有血有肉的大手，霎时间不知道飞到了哪里，秦永顺的左胳膊上只剩下一个皮绽肉烂的光秃秃的手腕，白骨裸露，血流如注。而秦永顺由于专注于自己的工作，竟然根本没有察觉到。直到点着了自己的炮躲入隐藏室后，这才发现手腕上鲜血淋淋，左手被炸掉了。伤愈之后，秦永顺只剩下一只右手，但他谢绝了领导和工友们的好意，执意留在工地，继续进行工程施工，成为渠首工地鼎鼎有名的"独臂英雄"！

牺牲的民工中，年龄最大的叫胡玉杰，邓州市赵集乡西孔村人，已经 61 岁了，原本该是儿孙绕膝、安享晚年的年纪；年龄最小的只有 17 岁，分别是邓州市彭桥乡的李显怀和元庄乡的王传伍，人生璀璨绚丽的多彩画卷才刚刚展开……

广大引丹战士，靠着革命激情，把罕见的困难踩在脚下，他们一锨、一车、一炮、一钎地书写着历史，在战斗中涌现出来的"活愚公"、"老黄牛"、"无名英雄"如满天星斗。引丹战士不论严冬酷暑，永不停歇地战斗，硬是用自己的双手，挖通了引渠、总干渠、刁河灌渠总干渠和大小干渠，在广阔的大地上绘出了一幅最新最美的图画。

最有意义的是，40 年前的引丹工程中的库区引渠、渠首闸、总干渠，正好做今日南水北调中线工程的开端，一个理想的开端，因为那工程的规模、质量全部与南水北调中线工程的要求吻合。故此，40 年前的引丹工程作为南水北调中线工程的雄壮序曲是当之无愧的。

6 新英雄谱写新传奇

新世纪的南水北调中线工程波澜壮阔，新世纪的引丹英雄依然感天动地。

整个南水北调中线工程，有四大控制性工程，是整个工程的四大关键。它们是：陶岔渠首工程、方城垭口工程、郑州穿黄工程、进京水道工程。其中的两个在南阳：陶岔渠首工程和方城垭口工程。

方城垭口，1000多年前宋太祖赵匡胤、宋太宗赵光义两个皇帝的南水北调梦都在这里折戟沉沙；它也成为新时期南水北调的卡脖子工程。它位于南阳市方城县的东北角，出了垭口就是平顶山地界。这里是中国南亚热带与北暖温带的分界线、长江流域与淮河流域的分界线、南阳盆地和华北平原的分界线、伏牛山脉与桐柏山脉的分界线、华北地台与秦岭地槽的分界线，被地理学家们称为"五界一口"，被南阳人称为"风口"，可见地理位置之特殊。它是南阳盆地的北盆沿，打通了垭口，就等于将南阳盆地的北盆沿掰开了一道豁子，盆里的水就可以顺着干渠自流到北京。

千年后的华夏儿女，能将方城垭口顺利打通吗？能按时打通吗？能不伤一兵一卒地打通吗？

这是个难题，是个未知数。

担任打通垭口任务的，是一个叫陈建国的人。

方城垭口，被划分为南水北调中线总干渠方城6标段，总长7.55公里，其中有5.5公里是膨胀土，3公里高渗水地层，1公里淤泥带，1.7公里的流沙层，还有软岩、硬岩、沙砾层。工程专家说，第六标是整个南阳段地质最复杂的地段。

更要命的是，河南黄河以北的干渠2005年就开工了，而方城6标正式开工时间是2011年3月15日，但竣工日期却共同锁定在2013年8月31日；而且上级一再强调，这根红线谁都不能触碰！

许多人认为，这是一项不可能完成的任务。但陈建国毅然豪迈自信地向领导表态：这是我们家门口的"国字号"工程，一定坚决、干脆、漂亮地完成任务，为河南人争光！

陈建国在通水后的垭口旁。

好大的口气！你凭什么啊？

他凭的是忘我的精神，创新的能力，为国舍家的情操！

他一心扑在了垭口工地上，每天只睡三四个小时觉。几个月下来，原本面庞滋润、还有点富态的陈建国，就完全变了一个人：面庞清瘦，颧骨突出，皮肤黝黑，头发枯黄稀疏；说话的声音变得沙哑，需要认真倾听才听得清楚。

陈建国不知道有多少天没有回过家了。那一天妻子带着儿子来看他。10 岁的儿子急着要见父亲，可是一直等到夜里睡着了也没等到父亲。父亲是半夜里才戴着安全帽、穿着长筒胶鞋回来的。父亲觉得对不起儿子，把他喊醒，许诺第二天中午陪他们母子吃一顿饭，至少要四个菜。但第二天起来，父亲却催着要他们回去，因为正好有趟便车，不然还得开车送他们回家，要耽误一晌工作啊。陈建国买了两包方便面塞到了儿子手里，当儿子上车的时候，他不敢望儿子那泪花闪闪的眼睛。

陈建国与大哥感情很深。大哥很早就到珠海打工，支持弟弟上高中、读大学。过度劳累使大哥年纪轻轻就得了肾衰竭。陈建国总说要回去看看大哥，可总是无法脱身。垭口工地太忙了，总是一件事未了，后边好几件事在等着。大哥嘴里喊着弟弟的名字，咽下了最后一口气。陈建国接到噩耗，匆匆回家。一路上他一边流泪，一边打手机安排着工地上的工作。到家后一头扑倒在大哥身上痛哭。

祸不单行。2012 年，工程到了冲刺阶段。4 月份是南阳少雨期，是施工的黄金季节。工地上实施昼夜 24 小时不间断施工，工人轮番上阵，机械连续作业。就在这时，陈建国接到了家里的电话，说母亲病重住院了，想让他回来见见面。他看着紧张而热烈的施工现场，犹豫着，痛苦着，最后还是下了决心：天气预报近几天有雨，等下雨停工了，再回去看母亲吧。他知道母亲患有糖尿病、心脏病、类风湿、白内障，以前也曾住过院，但都挺过来了。他希望命运之神依然慷慨大度。但三天后的清晨，一阵手机铃声把他叫醒了：母亲夜里心肌梗塞，已经离世。陈建国后悔得直打脑袋，躲到办公室里锁上门，独个儿大哭了一个小时，然后，把项目部成员和中层骨干叫到一起，对夜间施工巡查、生产安全、质量控制、施工进度、后勤保障……一一安排妥当。然后火速回家。到家后，全家人和左邻右舍都数落他，说他修南水北调家也不要了，娘也不要了："你忘了你娘为了让你上学，寒冬腊月挑着菜到街上去卖吗？现在学上成了，当上工程师了，把娘忘到脑后了！"

陈建国听着数落，一句也不申辩。他没有忘，娘对他的好都历历在目，他一件也没有忘。但他没有能给母亲尽孝，没有能最后见上母亲一面，没有让母亲最后望儿子一眼。陈建国跪在母亲灵前，将头重重地磕在地上。他一共磕了九下，最后被家人架着胳膊搀了起来。

母亲去世了，家里剩下父亲。父亲76岁了，也一身是病。陈建国不想再次遗恨终生，他想把对母亲的亏欠，还有对大哥的亏欠，都补偿在父亲身上。办法只有一个，就是把父亲带在身边，随时孝敬他。

于是，一个水利史上的奇迹出现了：陈建国把父亲带到了方城垭口工地；一个背着父亲干南水北调的传奇，在全国传扬，千里南水北调干渠被鼓舞成热火朝天的战场。

开工晚、地质条件最复杂的方城6标垭口段，比上级规定的红线日期提前28天竣工，经专家验收，各项指标合格。在南水北调南阳段建管处组织的历次评比中，6标段始终位于前列，其中6次获得第一名，被国务院南水北调办公室树为南水北调中线河南段的标杆。

2012 年，6 标段项目经理陈建国以"大禹式的南水北调建设者"入选"2012 感动中国"候选人；2013 年，陈建国被评为"2013 感动中原十大年度人物"、央视十大"三农"新闻人物；2014 年，陈建国又荣获了全国五一劳动奖章。新华社、光明日报、人民网、天津日报、河南日报、河南电视台等多家媒体都对陈建国的事迹作了报道。

2014 年 1 月 10 日晚，"2013 感动中原十大年度人物"颁奖晚会在郑州举行。央视著名主持人敬一丹主持晚会。陈建国穿着银灰色的工作服，戴着红色的施工安全帽，站在大红金丝绒铺成的豪华舞台上，聚光灯灿烂地照耀着他，他有些腼腆与局促。当敬一丹问到他通水后最想做的事时，陈建国的声音有点儿颤抖，他说：

丹江水流过来的那一刻，自己肯定会忍不住大哭一场。

通水后，他想在自己建的渠道里打一桶水，亲手洒在大哥和母亲

陈建国与父亲坐在南水北调中线干渠边。

的坟头，让长眠地下的亲人尝尝甘甜的丹江水。

通水后，他想亲自带年迈的父亲到省城大医院做一遍全面体检，让父亲保持健康的身体，安享幸福晚年。

通水后，他想把妻子和儿子接到方城垭口项目部，用丹江水为他们做一顿他最拿手的茄汁面，然后坐在渠边，一边吃，一边看那碧水北去……

他说着，眼睛湿了。

敬一丹的眼睛也湿了。

电视机前千千万万人的眼睛都湿了。

·

=== **延 伸 阅 读** ===

南水北调，千秋伟业（节选）

国务院南水北调工程建设委员会办公室党组书记、主任　鄂竟平

2014年1月，南阳南水北调移民精神报告团捎到北京一瓶丹江水，我接过这瓶丹江水，感觉沉甸甸的。这瓶水凝聚了无数丹江儿女的深情厚谊和无疆大爱。饮水思源，我们永远也不能忘记库区移民群众和移民干部为南水北调工程作出的巨大奉献和牺牲，永远也不能忘记库区移民为保护一库清水永续北送作出的不懈努力和积极贡献！

我每次到河南来，都会被河南省的移民工作深深感动：被移民舍小家为国家的精神所感动，被广大移民干部尤其是基层移民干部兢兢业业、不畏艰辛、任劳任怨的工作所感动，被河南省各级移民办事机构细致而扎实、高水平的协调组织工作所感动，被河南省各级党委、政府对移民工作的高度重视所感动。

南水北调，难点在移民。在中线工程建设推进中，淅川移民对南水北调这项国家重点工程给予了很大支持，并为此付出了巨大牺牲。丹江口库区移民大搬迁，河南率先提出"四年任务，两年完成"，南阳出色地落实并予以完成。对于南阳各级党委、政府，移民乡亲、移民干部的大局意识和奉献精神，我们深表敬佩！

河南省在如此短的时间内实现了顺利搬迁、和谐搬迁、文明搬迁，不仅创造了南水北调工程移民征迁的奇迹，也创造了我国水库移民史上的奇迹。河南省不仅有渠首工程、干线工程、移民工程，还有水质保护和配套工程。多年来，河南省委、省政府高度重视，全省上下一心、攻坚克难，为南水北调作出了巨大贡献，国务院南水北调办对此表示衷心感谢。特别是对河南省委、省政府讲大局、求真务实的敬业精神和在移民工作上"四年任务，两年完成"的气魄表示赞赏，对广大参建者付出的辛劳和汗水以及移民干部群众"舍小家，为大家"的壮举表示敬意和感谢！

南水北调之水来之不易，更要倍加珍惜，切实管好用好，在南水北调受水区的4个省市中，河南是受水量最多、工程线路最长、移民规模最大、生态保护任务最重的省份，下一步的供水安全、移民稳定的工作仍将十分繁重。

南水北调工程，这绝对是一个经得起时代检验的工程。历史将会证明，南水北调是一个伟大的工程。中线工程全线通水，不仅解决了沿线省市经济社会发展根本的需求，也改变了中国江河的布局，从此一江清水可以向北流，同时京津冀协同发展也有了更为坚实的支撑。

南水北调中线丹江口大坝加高工程

丹江口水利枢纽大坝加高工程是南水北调中线工程控制性工程，大坝是新中国成立后自行设计建造的第一座大坝，位于湖北省丹江口市境内的汉江干流与其支流丹江汇合口下游约 800 米处，控制流域面积 9.52 万平方公里，坝址以上年均径流量 388 亿立方米，具有防洪、发电、灌溉、航运、养殖等综合功能。初期工程于 1958 年 9 月开工，1973 年建成。枢纽由拦河大坝、升船机、水电厂等建筑物组成。初期工程建设时已考虑到后期大坝加高的要求，其中河床混凝土坝高程 100 米以下已按正常蓄水位 170 米方案进行建设，为大坝加高创造了有利条件。

丹江口大坝加高工程是在丹江口水利枢纽初期工程的基础上进行培厚加高和改造。丹江口大坝加高工程于 2005 年 1 月 5 日开始进行前期准备工作，9 月 26 日举行了大坝加高工程开工仪式。2013 年 8 月 29 日加高工程顺利通过蓄水验收。

大坝加高工程主要包括：混凝土坝培厚加高；左岸土石坝培厚加高及延长；新建右岸土石坝及位于陶岔附近的董营副坝；改扩建升船机；金结及机电设备更新改造等。大坝加高工程完建后，坝顶高程由 162 米加高至 176.6 米，最大坝高 117 米，坝顶长由 2494 米加长到 3442 米，升船机规模由 150 吨级增加到 300 吨级，装机规模仍为 6×150 兆瓦不变。正常蓄水位由 157 米抬高至 170 米，相应库容由 174.5 亿立方米增加至 290.5 亿立方米，总库容 339 亿立方米，枢纽的功能转变为以防洪、供水、发电、航运为主。通过优化调度，可使汉江中下游的防洪能力由目前的 20 年一遇提高到近 100 年一遇，满足近期向北方调水 95 亿立方米的要求。

20 世纪 70 年代南阳渠首引丹工程

1968 年冬，作为丹江口水利枢纽重要组成部分和南水北调的前期工程，引丹灌溉工程在陶岔正式启动。工程分 4 部分，引丹渠首闸、引丹总干渠、库区引渠、下洼枢纽闸。引丹渠首闸位于南阳邓县九重乡陶岔村北，丹、唐分水岭的汤、禹二山垭口处。闸为 5 孔，每孔宽 6 米，高 6.7 米，闸底板高程 140 米，闸顶高程 162 米，当引水位为 148.5 米时，过水能力 500 立方米 / 秒。1972 年九重乡划归淅川管辖，所以现称为淅川陶岔渠首闸。引丹总干渠，渠长 7.95 公里，口宽 100—300 米，渠底宽 2—8 米，比降 1/8000，过水能力 120 立方米 / 秒。1969 年 1 月 26 日引丹工程正式动工，邓县投入民工 4.2 万人，南阳县、镇平县、方城县、唐河县、新野县、社旗县 6 县民工 4.5 万人。后来 6 县民工撤回，工程主要交给邓县、淅川两地。1972 年引丹干渠竣工，1974 年 8 月 16 日渠首闸建成放水，1976 年全线完工。可灌溉 150.7 万亩土地，主要受益区为邓县、新野。美国、巴西、日本、加拿大、法国、意大利等国家的科学家、教授先后到引丹工地考察。联合国原秘书长瓦尔德海姆惊叹："这是世界上最大的自流引水工程，竟然没有一块碑文。"

南水北调的意义

一、社会意义

1. 解决北方缺水。2. 增加水资源承载能力，提高配置效率。3. 使中国北方逐步成为水资源配置合理、水环境良好的节水、防污型地区。4. 缓解因水资源短缺对北方地区城市化发展的制约，促进北方地区城市化发展进程。5. 为京杭运河济宁至徐州段全年通航保证水资源，使鲁西和苏北两个商品粮基地得到巩固和发展。

二、经济意义

1. 为北方经济发展提供保障。2. 促进经济结构的战略性调整。3. 通过改善水资源条件来促进潜在生产力，形成新的经济增长点。4. 扩大内需，促进和谐发展，提振国内生产总值。

三、生态意义

1. 改善黄淮海地区的生态环境状况。2. 改善北方饮水质量，有效解决北方地区地下水质问题。3. 回补北方地下水，保护当地湿地和生物多样性。4. 改善北方因缺水而不断恶化的环境。5. 较大地改善北方地区的生态和环境，特别是水资源条件。

南水北调颂

飞 羽

我出生在北方的一个小村庄

听老人们说，在很久以前

这里秀水青山，也曾流水潺潺

不知从什么时候开始

泉水枯竭了

土地也经常干裂着

人们喝的井水也带着苦咸

那甜甜的水哟

常在我儿时的梦里

滋润我的家园

二十世纪中叶

一位伟人的话

情深切，意长远

从构想的那一刻起，南水北调啊

几代人为你呕心沥血，憧憬期盼

请记住这个日子吧

2002 年 12 月 27 日

从这一天起，那萦绕在心间

五十年的梦啊

正在从理想的蓝图上浮现

你从晨霭中走来
随着小康社会建设步伐出现
你从高山峻岭走来
带着亿万人民心中的意愿
你从蓝色的海洋走来
实践着科学发展观
你走来了，你走来了
步履坚定，毫不蹒跚

我溶入你的洪流
把历史的责任承担
2007 年，瘦西湖情定梁山泊
千年古运河焕发新颜
2010 年，一根银线串珍珠
金水河畔掬清涟
2050 年，期待着那水乳交融的一刻
孕育着五千年文明的母亲河啊
爱与爱携手，心与心相连

也许到那时，我满头的黑发挂满了白霜
也许到那时，我已不能参加你成年的盛典
但我的心血，我的青春
我的灵魂，我的生命
都已经融入这雄浑伟大的乐章
在这首英雄的交响乐中

我始终是一个

跳动的音符

用我的激情去歌唱

南水北调啊

你是热血澎湃的青年

高举发展的火炬

带领我们去把强国的梦想实现

你是及时的春雨

播撒节水、治污、环保的观念

你是对自然的赞歌

让贫瘠的土地披上孕育希望的深绿

你是新时代的精神

艰苦创业、与时俱进、无私奉献

南水北调啊

你是我所有的自豪和骄傲

我仿佛见到

那曾经干旱的北方，我的家园

那生我养我的小村庄哟

变成了

江南春早，稻菽麦田

父老乡亲，渔舟唱晚

……

（摘自：新浪博客）

移民篇

国贫民弱时代的移民：
一梦醒来是感动

20 世纪 60 年代远走他乡的淅川移民。

1 移民：南阳人的使命与担当

南水北调，国家行动，世纪工程，千秋伟业。

南阳移民，时代担当，历史使命，国家责任。

20 世纪中叶，南水北调中线的前期工程丹江口水库动工，南阳浙川县 362 平方公里土地被淹没，浙川老县城、14 个集镇及大批基础设施被淹，12.5 万间房屋沉入库底，各项淹没实物直接损失 7.4 亿元。20.2 万人搬离家园。南阳人民顾全大局，无私奉献，为国家付出了巨大牺牲。但由于历史的局限，国力的贫弱，经验的缺乏，使这批移民移而不安、安而不富，有些人甚至流离失所，成为数十年来社会上最贫穷的一个群体，给我们留下了深刻的教训。

改革开放以后，国家开始富强，民族开始复兴，美丽的梦想开始一个个实现，南水北调重新提上国家议事日程。2005 年 9 月 26 日，随着丹江口水库大坝加高和南水北调中线工程全线开工，南阳市浙川县将新增淹没土地 144 平方公里，含 3 个集镇、36 家工矿企业及大批基础设施，新增淹没房屋 258.3 万平方米、耕地 13.2 万亩，各项淹没指标占库区两省六县市总淹没指标的一半，静态经济损失近百亿元,新增移民 16.5 万人。但南阳人仍然无怨无悔,仍然顾全大局、无私奉献,谱写了世界移民史上波澜壮阔、感天动地的恢宏篇章。

南水北调,首先面对的是移民,首先要做的工作是移民,最难做的工作也是移民。鉴于 20 世纪第一期移民的教训,更鉴于国力的强盛、以人为本执政理念的深入人心,从中央到地方,各级领导干部对移民工作不仅极为重视,而且处处为移民着想,谱写了一曲新世纪和谐移民的凯歌。

2006 年 5 月 25 日,时任河南省委书记徐光春到淅川考察库区移民情况。他强调,要设身处地为移民群众着想,了解他们的意愿,倾听他们的呼声,把移民群众的事办好,让移民搬得出、稳得住、能发展、可致富,确保移民安置后生产条件有所改善,生活质量有明显提高。

2008 年 5 月,时任国务院总理温家宝亲临南阳,强调要把南水北调中线工程建设成一流工程、生态工程、利民工程、和谐工程,让库区移民在这项伟大工程中受益,脱贫致富,共享改革发展的成果。

2008 年 8 月,时任河南省省长郭庚茂在淅川调研时指出:南水北调建设首先要体现以人为本,克服以往工作中存在的“重生产、轻生活,重建设、轻安置,重蓄水、轻生态”等偏颇问题。既要顾全大局,为国家发展、民族振兴作贡献,也要实实在在地为老百姓做实事、谋实利。

南阳市委、市政府各级领导更把丹江口库区的和谐移民放在工作的重中之重。从移民工作启动开始,南阳市就成立了以市委书记为政委、市长为指挥长,四大班子领导为副政委、副指挥长,各主要职能部门为成员的“移民安置指挥部”。同时,相继出台了《移民搬迁安置工作实施方案》、《移民搬迁入住条件》、《移民安置工作责任追究

时任南阳市委书记李文慧（右二）看望淅川移民。

暂行办法》、《关于严明第一批移民搬迁工作纪律的令》等一系列文件。2009 年 3 月 8 日，穆为民被任命为南阳市代市长的第一天，即赶赴移民村看望移民群众，倾听移民心声。2011 年 5 月 29 日，李文慧上任南阳市委书记伊始，即轻车简从，深入淅川调研。他说：南水北调是大局，是责任，是机遇，是民生，是南阳的大事、要事、急事和难事；移民迁安无小事，万千百姓得富裕，一渠清水靠源头，各级党委政府要把服务工程建设、服务移民迁安工作、服务水源地建设、保护水质作为义不容辞的责任，作为当前工作的头等大事，尽责奉献，乘势而为，民生为重，强基为上，让移民群众幸福生活，让一库清水永续北京。

南水北调是国家行动，南水北调中的大移民是这次国家行动中最感人的乐章。20 世纪移民们的不幸遭遇让人落泪，新世纪移民们大爱报国的情怀让人落泪，移民干部执政为民、舍生忘死的事迹也让人落泪。一腔热血为国尽忠，一颗真心为民谋福，这是南阳移民干部的真实写照。他们把移民当亲人，不讲条件，不讲代价，不打折扣，忍辱含屈，废寝忘食，让移民含泪带笑地搬迁到了新家，创造了世界移民史上的奇迹。南阳的移民干部与移民一起，创造了南阳移民模式，也创造了南水北调精神。党中央、国务院和河南省委、省政府对于南阳人民的贡献和牺牲给予了高度的评价。

2 大柴湖记忆

打开湖北大柴湖经济开发区的官网，在基本镇情及历史沿革栏里这样介绍道：

> 柴湖镇地处湖北钟祥城南，毗邻汉江，是全国最大的移民集中安置区和全省最特殊的插花贫困乡镇。全镇现有 54 个村、1 个社区，10.5 万人，其中移民村 38 个，7.5 万人……20 世纪 60 年代末，为支援国家重点水利工程丹江口水库建设，4.9 万河南淅川群众，离别故土，"一条扁担两个筐"搬到钟祥。因搬迁时区域全是长满芦苇的沼泽地，周恩来总理亲自命名"大柴湖"。移民白手起家，艰苦奋斗，积极建设第二故乡，为国家水利事业作出了巨大奉献和牺牲。

大柴湖现在是一个繁华小镇，而且是湖北省的一个经济开发区。它的居民大都是河南人，说河南话，信守河南风俗，被湖北人称作"小河南"。一句"白手起家，艰苦奋斗"，勾起"小河南"多少人对往事的回忆啊！

1935 年夏天，河南、湖北连天暴雨。河南的丹江、老鹳河、湍河、白河、唐河，以及湖北的北河、南河、小清河、滚河、淳河、蛮河……数百条大小河流与沟汊，皆大水满溢，汹涌着奔向汉江，汉江洪峰流量高达每秒 57000 立方米。7 月 7 日，汉江终于撑持不住，在钟祥市附近的狮子口以下溃堤 6957 米。一丈多高的水头漫过钟祥古城，漫过荆楚大地，漫过汉川与汉阳。在钟祥南 20 公里处，有一片富饶美丽的小盆地，大水过后，这片小盆地变成了一片汪洋，盆地中的 3 万多人浮尸泽国。数十年后，这里仍是一片沼泽，由于 3 万人的血肉膏泽，泽中芦苇生长得特别旺盛，一丈多深，郁郁葱葱，密密匝匝。因为当年死人太多，这里人迹罕至，成为水鸟与野兽的乐园，凄厉的鸟叫使人毛骨悚然。

由于这里地势低洼，自 1935 年洪灾之后，一直到 20 世纪 60 年代，这里一直是汉江的泄洪区。它是不适宜人类居住的地方。60 年代初，国家曾打算在这里建一座劳改农场，但考察后作罢。

钟祥人把这片沼泽地叫作水湖，也叫东湖，因为它在汉江的东岸。但现在的名字叫大柴湖，是南阳淅川的移民改变了它的名字。

1964 年 12 月 6 日，已经停工 5 年的丹江口水库大坝工程恢复施工，水库大坝节节升高。与之相伴随的，是又一轮移民潮。这批移民，涉及淅川县 5 个公社 73844 人。自 1966 年 4 月到 1968 年，前后历时 3 年，共有 68867 人分三批迁往湖北省荆门、钟祥两县；另有 4977 名移民在淅川县内投靠亲友安置。在迁往湖北的移民中，有 4.9 万人被整体安置在环境恶劣的大柴湖里。

1965 年 4 月 21 日，中共中央中南局在武昌召开豫鄂两省领导人会议，研究丹江口库区移民问题。根据史上移民的教训以及河南人多地少、修建丹江口水库受淹不受益、安置移民有较大困难的实际情况，河南、湖北两省领导达成共识，拟将7万多淅川库区移民全部迁往水库受益区湖北，实行易地跨省安置。河南省省长文敏生、湖北省省长张体学，联手写下了

时任淅川县农工部部长吴丰瑞在作移民大柴湖动员报告。

"河南管迁，湖北包安"8个大字。会议精神通过电波报告国务院，周恩来总理闻讯，连声称赞，指示："要尽快据此落实。"

计划迁入大柴湖的，共4.9万人。

根据武昌会议精神，当年6月中旬，南阳地委、专署连续召开会议，对淅川移民动迁安置的有关问题进行研究。会后，专门成立移民迁安委员会。在南阳地委、专署的领导下，淅川县积极做好移民迁移前的筹备工作，成立了移民指挥部，组织人员深入迁移区进行动迁登记，并带领各大队干部和移民代表到大柴湖选点、定点。大柴湖的荒凉恐怖让前去选点的人们目瞪口呆。在与当地村民的私下交谈中，代表们还了解到，大柴湖的水不能喝，喝了光生病（据有关资料，大柴湖地区地下水亚硝酸盐含量严重超标，食道癌发病率比全国平均水平高出20倍）。前去的大队干部和移民代表们看到他们将要移居的是这样一个地方，就和县里干部吵了起来，要求另选安置地。但上级部门不予理会。马蹬大队的柴付震、柴炳乾两位基层干部和移民代表周建林商议，到北京上访。

去北京上访的共有 3 人，周建林是负责人，另有王月汉和马南村 9 组的余喜全。他们到北京上访接待站排队登记，一位水电部的工作人员接待了他们。工作人员的态度很好，认认真真地听了汇报，答应通知两省协商解决。但是，待他们回到家后，却被戴上破坏搬迁的坏分子帽子，开始了没完没了的批斗。"为革命搬迁，要斗私批修！""搬迁为革命，破私立公！""为革命搬迁有功，抗拒搬迁有罪！""抓革命，促生产，促移民！"还有不知从哪里弄来的毛主席"语录"："毛主席教导我们说：为革命搬迁，不搬就是反革命！"一幅幅大标语刷满了各村的墙壁。凡"破坏搬迁"的，便是反革命，便被拘禁，被批斗。这是"文化大革命"极左年代下的极端做法。

识大体顾大局的淅川人，不是不搬，实在是大柴湖无法生存！但"反革命"的帽子在头上悬着，他们不得不搬。他们把生养自己的祖宅老屋交给国家，无分文补偿，连路费也没有，自带干粮上路了。沙沟村的张新将家里的红薯干以 3 分钱一斤、生猪以 2 角钱一斤贱卖了；不能卖也不准带的，是那条大黄狗。他在江边落水时，大黄狗救过他一命，多年来，他都把大黄狗当作自己家的一名成员，感情很深。可是，大黄狗不能带了，怎样求情干部也不答应。卡车开动后，大黄狗一路狂奔着、哀嚎着，直到大黄狗累倒在地上。张新忍不住大哭起来，这一哭，全车的人都哭了。

他们哭着，到了湖北。

稍可安慰的，是想象着新家的房子如何宽敞，如何漂亮，如何温暖。

可是……

下面，是作家梅洁在《大江北去》一书中记录的移民穆文奇的一段回忆。

我是淅川双河镇人，在柴湖叫双河村。淅川双河镇是个古镇，明清就有。我是 1968 年 9 月下来的，那年我 25 岁。我们这批是第三批来柴湖的移民。来柴湖的移民分三批：第一批是 1966 年 3 月，下来了三四千人，另有 1 万多人去了荆门；第二批是 1967 年 4 月，下来了 8000 多人，另有 1.5 万人去了荆门；我们这批人最多，一共 3 万多人，全到了柴湖。

下来前我是县物资局亦工亦农职工，我是跟母亲、妻子、妹妹一起来的。我们坐的是解放牌敞篷汽车，一车坐 40 多人。湖北、河南组织了 100 多辆这样的大卡车。人坐汽车走，破烂家具、被子、锅碗瓢盆都装船走。粮食不允许带，都换成周转单，但允许带红薯干，每家自己蒸点馍带上。从淅川走时，一个生产大队几千人一起走，走时放鞭炮欢送，但一个个哭得又像是送葬。亲戚们不走的和车上要走的都哭成了一团。女人们哭，老人们哭，哭声一片，惹得男人们跟着也掉眼泪。就是小孩子们显得高兴，他们觉得出远门、搬家很新鲜。

上车后坐到襄樊接待站，这是两省开会安排好的。我们在一个大仓库里住了一夜，仓库里铺的有稻草，我们全都不脱衣服在草堆上睡了一夜，大人娃子、男人女人滚在一起。我们从淅川上车时每人发一个卡，叫移民接待站接待卡，接待站凭卡给每人发一个馍，面条汤、米汤随便喝。第二天从襄樊坐驳船顺汉水下钟祥，两个生产队坐一只船。坐了两天，到钟祥大王庙码头下船，下船时大约下午 5 点。这时也没人接站，2000 多人上岸后不知到哪儿，河南干部也找不见了，人们就在河边、河坡上坐着，没人管饭，饿得不行。就那样在河边坐了一夜，幸好没下雨。半夜里，我们淅川干部吴丰瑞到河边来找我们，结果被大伙儿围起来一顿拳打脚踢、扇耳光。吴丰瑞是淅川县农工部部长，他是1966年第一批带队来柴湖的，他全家都来了，去荆门的1万多人也是他带的队，他是个好人、好干部。后来有人认出他是农工部部长，才不打了。

天亮后，吴丰瑞安排大伙儿在码头附近当地人家吃饭，还是馍和米汤，2000多人一吃就吃到了晌午。之后解放牌汽车喘着粗气拉我们到柴湖，路差，一直到下午4点多才把我们拉到了柴湖，就是现在双河村这一片。我们一看，是一眼望不到边的芦苇，人们又哭又喊不下车，男人们踹着汽车叫往回开，往干部们脸上吐唾沫，骂他们为什么给我们找这样的地方安家。干部们任打任骂不作声，他们能说什么呢？他们能说得清什么呢？哭闹了一气后，移民们也知道没有退路，回去是不可能的了，天色也渐渐地晚了，就一个个无奈地下车，开始扒开芦苇找自己家的房子。没有路，脚下的稀泥一捅老深、齐腿肚子，还有青花蛇在"味溜溜"乱跑。

房子是一排10间，一模一样，机砖柱、瓦顶、芦苇墙，房门上已贴好了各家的名字。……屋里的苇子也长得老高。每家屋里堆着150块红砖，砌灶用的，还有二三十斤一捆的柴草。我妈这时哭了，说："这叫咋过呀！"我那时想，总比两万五千里长征过草地强吧。

1969年供应了一年粮食，每人每月20多斤，很少，补助的粮食又没有钱买。1970年最苦，不供应粮食了，靠自己种。可芦苇长得比麦子还高……柴湖边上有个军马场，他们种的麦子因连阴雨霉烂了，扔地里不要了。我们300多人每人拿一个口袋跑20多里地去抢这些霉得发黑的麦子。拿回来簸净，晒干，加工成面粉。擀出的面条发乌，一吃就吐。现在想想，都不知道淅川人在柴湖是咋熬过来的……

是的，没人能想象出，大柴湖的移民们当时的生活生产条件是何等的艰难恶劣。他们住在原始人的房子里——不，原始人住在温暖的山洞里，住在干燥的陆地上，生活在优美的丛林中；而他们，住在泥泞里，住在有毒的污水里。他们早上一起来，鞋子就找不着了，被污水漂走了；他们早上一起来，看见的是床边又蹿出数茎茁壮的芦苇；他们早上一起来，发现桌底下钻了几只蛤蟆，床腿上爬了几只蚂蟥……他们在家乡的时候，场屋宽敞，单门独院，有堂屋，有厢房，有客房，有厨房，有厕所，有猪圈，有羊圈，有鸡笼，有牛棚。可是现在，两个人分一间房，16平方米，摆两张床，就没地方了。他们给自己编顺口溜说：

淅川人，真恓惶，
大柴湖，臭水塘，
泥巴屋，烂衣裳，
老母猪拴在床腿上，
鸡窝安在灶台旁，
早起找不到鞋，
夜里屙裤裆。

　　"泥巴屋"是说房子的墙是芦苇外面糊一层泥巴；"早起找不到鞋"是说鞋叫水漂走了；"夜里屙裤裆"是说一排房子住十几家，厕所在村头，夜里上厕所得跑 100 多米远，拉稀时就屙裤裆了。

　　淅川人恓惶还远不止这些。

　　俗话说，田地、老婆不让人。这是几千年来中国农民的传统观念。即使再贫瘠的土地，被他人占了心里总会产生怨恨。所以，对于迁移到荆门、钟祥两地的数万淅川人来说，遭当地人排斥是很自然的事。两地经常因土地纠纷而发生械斗事件。再加上正值"文革"时期，全国"武斗"频发。1969 年 7 月，荆门十里铺郑庄移民因土地和柴草问题与当地群众发生矛盾，当地人扛着猎枪，举着砍刀，挥舞着棍棒来到移民点，移民们被打得缺胳膊断腿，哭爹喊娘。此次械斗

当年移民大柴湖的淅川"铁姑娘"宋育英（左）（注：2008 年当选湖北省政协主席）。

20 世纪 90 年代之后，大柴湖移民的房子大多都由芦苇墙换成了砖墙机瓦房。

自晚上 8 点至第二天黎明，移民死伤数十人，这就是惊动中央的"荆门移民事件"。消息传到大柴湖，大柴湖移民十分恐慌。这天，一大群当地人骑着高头大马，手持大刀，肩扛红缨枪，在大柴湖里兜了一圈，然后呼啸而去。大柴湖人的神经立刻绷紧了，没有号召，没有组织，吴营、邓营、马北、马南等村，立即自觉地承担起柴湖东线的守护责任；西沟、泰山、三官殿、白岗、杨营担负起西线的防守任务。各地严把路口，日夜站岗；男女老少夜晚睡觉身边都放着棍棒、铁锹、钢叉、磨利的铡刀。反正过不成，不活了，拼了吧！

"荆门移民事件"惊动了中央，武汉军区派出部队进驻移民村，才没有使事态进一步恶化。

自然环境和社会环境的双重挤压，使大柴湖成为中华版图上最贫穷的地区之一。这里，柴湖女子为改变命运都远嫁他乡；他乡女子则把柴湖看作地狱，躲之唯恐不及。因此苦了柴湖的男子，即使貌似潘安，娶个媳妇也难上加难。没办法，他们只好娶周边山区里的痴呆女子为妻。据统计，仅 1978 年至 2010 年，大柴湖共娶呆傻女子 812 人。

由于遗传原因，这些女子生下的孩子也多为智障。关山村共有移民477户，痴呆傻的就占92户。

还有，他们原本守着一江甘甜的清水，守着一眼纯净的山泉，现在，他们却喝着亚硝酸盐超标的污水，食道癌发病率高出全国平均水平20倍……

死亡与苦寒笼罩着大柴湖。大柴湖人开始逃离，开始返乡，开始像弃儿一样寻找遗弃他们的母亲。那一年，迁往湖北的淅川移民共有7000多人回流家乡。

但母亲的怀抱还温暖吗？母亲的双臂还会拥抱他们吗？

3 悠悠丹江水

家乡在，母亲就还在。

但母亲变得很陌生，很冷漠。

回流返乡的 7000 多移民是根据政策已经迁走的人，国家政策是不予重新安置，不予承认，不准上户口。当时正是"文化大革命"时期，一切"以阶级斗争为纲"，政治第一。家乡没人敢收留他们。相反，根据政策，家乡的革命委员会还要劝说他们返回迁居地，先是办学习班，然后强行催撵。他们撵了跑，跑了撵，开始跟政府在丹江边捉迷藏。于是，二十世纪七八十年代，在丹江口水库周围，就出现了一个奇怪的人群：没有政府，没有组织，没有户口，没有土地，像原始部落一样四处游荡。

返迁老家的移民，大部分都是偷偷逃跑的，生产生活资料大都遗弃在安置地。因此，这些游民们上无片瓦，下无寸土，穿无换洗之衣，吃无隔夜之粮。他们先是露宿在水库岸边，后来搭一间简单的草庵，库水涨上来了就跑，人来撵了也跑。后来人不撵了，他们就在消落地上撒把种子，栽几棵菜苗。但人有情水无情，人不撵了水还撵，眼看麦子熟了，一场大雨，麦子和草庵都泡进了汪洋里。

返迁户侯学定，全家 8 口人，在淅川黄庄公社东沟水库边搭一间草庵，开 2 亩荒地，所见粮食可吃 3 个月，其他日子全靠乞讨，5 个孩子无一个入学。移民张志芳，全家 6 口人，乞讨为生，讨饭讨到香花镇周沟村，将其 18 岁的女儿嫁给生产队长的弟弟，换来入队落户。残疾人马会州全家 10 口人，住在两间草庵里，两个大孩子讨饭，3 个小儿子无衣穿，不敢出门，15 岁大的女儿与母亲轮流穿一条裤子……

但是再穷，再难，这里也是生养他们的家乡，殷殷乡情牵系着他们，就是饿着、苦着，他们也不愿离开。

1969 年，国务院决定将丹江口水库蓄水位提高到 155 米。1971 年春天，移民浪潮再次滚滚而来。此次移民涉及淅川和邓县的 10 个公社、92 个大队，实际动迁 56188 人。这次吸取上次移民的教训，不再外迁，而是改为南阳地区内安置。经地委与邓县、淅川两县商定，淅川县城关公社迁出的 12 个大队、1774 户、7776 人，分别被安置在邓县的刘集、都司、林扒、高集 4 个公社；宋湾公社迁出 11 个大队、886 户、4195 人，被安置在邓县的构林公社和桑庄公社。住房标准仍为每人半间，土墙瓦顶。

经历过大柴湖的苦难，淅川移民失去了第一次搬迁时的踊跃与激情，他们心中充满对政府的怀疑，眼里是无尽的忧郁。

革命委员会的宣传发动也不再理直气壮。干部们见了移民，目光是胆怯的，心中是愧疚的；他们在村里刷大标语时，也有点匆匆忙忙。

但他们对自己的工作充满信心。上级下达的搬迁任务一定会按时完成的，只是需要时间，需要等待。

丹江口大坝在一米一米升高。汛期已经来临。库水在悄无声息地上涨，像一个狡猾的、恶作剧的偷袭者……

终于，有一天早晨，移民们打开院门，昨天还是一片葱绿的消落地不见了，有丹江红鲤在庄稼梢上"打浑儿"。又一个早晨，他们打开院门，开在山坡上的庄稼地也不见了，一片汪洋已逼到门口。于是，这天夜里，他们听到了院里鸡笼倒塌的声音，猪圈倒塌的声音，厨房倒塌的声音……他们赶忙从床上爬起，下床，这时才发现，屋里的水也已溜脚脖子深……

这次移民搬迁的宣传发动工作很顺利，在大水的驱赶下惊慌失措的群众，有的主动找到工作组，要求快点搬迁。这就是后来被总结为"以水撵人"的移民搬迁方式。

由于水不等人，在移民规划方案尚未落实到位的情况下，库区群

20 世纪 60 年代淅川移民一根扁担远走他乡。

众仓促迁出，移民安置地的房屋有的未建，有的在建，有的匆忙建成。迁往邓县的移民，由安置区腾出民房 3400 多间，供移民临时挤住，之后才由各安置社队负责，陆续为移民建房。但由于建房经费严重不足，加上极左思潮影响，全社会都在搞革命运动，没人把移民的事放在心上，对移民的安置房建设马虎应付。据 1973 年逐户进行统计，邓县所建的移民房中，倒塌的有 2729 间，险房 1297 间，占建房总数的 95%。

1976 年，丹江口水库蓄水位再次提至 157 米，移民高程 159 米。为此淅川县需增加新移民 25870 人。这是丹江口库区初期淅川移民的第六批，也是最后一批。这批移民又吸取前两批移民跨县安置的教训，改为"后靠自安"。移民部门总结说："远迁不如近迁，近迁不如就地后靠自安。"也就是把应由国家和社会承担的责任，全部交由已经自顾不暇的淹没区自身来承担。在搬迁政策上，依然采取"以水撵人"的简单粗暴方式。众多移民被盲目后靠，安置在水库边缘的山坡丘陵地带，耕地少，人口密集，自然环境恶劣，搬迁后的群众口粮当年即减少到每人 106.5 公斤。特别是有关部门对后靠距离和水库蓄水位把握不准，很多移民后靠一次淹一次，后靠一次淹一次，不得不多次后靠，后靠一次穷一次。直到 1989 年，库区移民还有 7300 人年均收入不足 200 元，占有粮食不到 100 公斤。

曾经哺育了多少代淅川人的丹江水，为何变得这么无情啊！

4 春风始绿丹江岸

不是水无情，也不是人无情。是贫穷，那个时代我们国家的经济太落后了；是经验，那是新中国水利建设史上第一次大规模移民，我们没有经验可借鉴。时任水利部移民办二处副处长、工程师张绍山，应该是 20 世纪移民工作的亲历者之一，他站位高端，把当时移民工作的弊端看得更透彻一些，更深刻一些。他总结道："首先是政治原因。在一切'以阶级斗争为纲'的动乱年代里，移民工作受到极大的干扰。特别是在'左'的影响下，往往以主观愿望代替客观规律，以政治需要代替一切，片面强调'人定胜天'，靠政治动员、行政命令搬迁，要求移民'大公无私'，要国家这个'大家'，不要自己那个'小家'；要舍得打破坛坛罐罐，搬迁要多带好思想，少带旧家具。有的地方搞军事化搬迁，按团、营、连、排、班编队，只带铺盖碗筷，一挑扁担搬个家，拉练行军到安置地……不走就是不听党的话，不顾大局，就是反对社会主义。大量的移民问题就是在这种特定的历史条件下形成的。"

1979 年 5 月 8 日，时任国务院副总理王任重、水电部部长钱正英，以及豫鄂两省省委书记，在河南淅川县召开会议，研究丹江口库区绿化、养殖和移民问题。王任重副总理在会议上很深情地说:"河南、湖北两省人民为建水库出了力,死了一些人,牺牲了一些干部。我们要永远纪念他们。水库把好地淹了,人民搬迁了,后靠了,一部分人生活还可以,但有的人没有比修水库前好,这一条不责备哪个同志,这是个方针问题,应该说,这个方针是错的。把人家房子、地淹了,我们又不负责……这件事,以后要搞好,也要跟群众说清楚,国家还有困难,拿出那么多钱也不可能。以后的移民问题,林一山同志有个报告,移民经费要纳入水库建设的预算之内,移民经费要高一点。过去,国家利益考虑多了,但是群众利益考虑少了,没有花足够的力气去解决好移民问题……我们向你们赔礼道歉,你们也要向群众赔礼道歉,公开承认没有安置好……"

1979 年,改革开放的春风已经吹遍神州大地,国家开始拨乱反正,开始以实践来检验真理。王任重副总理的一声道歉,让多少基层干部和移民听后热泪盈眶。这是党的声音,是国家的声音,是母亲的声音。1958—1979 年,20 多年来,不少移民们都怀着深深的弃儿心态,失落而绝望。现在,春风荡漾里,他们听见了母亲的一声呼唤,看见了母亲向他们伸过来的双臂,他们怎能不感动呢?泪水是委屈的,也是幸福的。

1984 年,淅川县移民安置指挥部就移民返迁问题向南阳行署写报告:

南阳行署:

丹江口水库涉及我县的返迁移民问题,是国家效益较大的一项社会主义建设工程所带来的一个特殊问题。产生这一问题的原因是多方面的,但根本原因是过去受"左"的思想影响，对移民没有安置好。这个问题在我县已存在 19 年了，至今没有得到解决，使这部分群众仍然蒙受着很大痛苦。国家得到很大效益，群众还在受苦，这是说不过去的。所以解决返迁移民问题确实不能再拖了。根据上级的指示思想和解决意见，我们做出安置计划，特报请上级审批。

春风春雨，开始滋润大地。一张张淅川移民菜黄色的、忧郁的脸，开始红润，开始漾起笑靥。那一年，丹库岸边，春花灿烂。

1985 年 9 月，党中央、国务院为解决丹江口库区移民问题，拨款 3 亿元，其中拨给淅川移民安置费 6894.049 万元。

公安部门来了，给流浪在水库岸边的返迁移民上了户口；林业部门来了，教会了后靠移民种植柑橘；水产部门来了，教会了后靠移民网箱养鱼……

2004 年 1 月 9 日，时任湖北省委书记俞正声来到大柴湖，看了移民的生活境况，动情地说："没有想到柴湖移民这么苦，没有想到移民这么穷，没有想到移民这么困难！没有大柴湖移民的搬迁，就没有丹江口水库和南水北调，就没有汉江下游人民的安居乐业……我们对这些移民欠了账，不做好移民工作，受

2004 年 1 月 8 日，时任湖北省委书记俞正声看望慰问大柴湖移民。

益地区对不起他们……"

2005 年 5 月 30 日，俞正声再次来到大柴湖，看到柴湖人饮用的浑浊的井水，良久沉默。之后，拉住镇委书记余启德的手，握着，紧紧地握着，握出一腔愧疚。他说："小余，别急啊，柴湖饮水工程不是小事，我会放在心上的……"

8 月 4 日，湖北省省长罗清泉踏着泥污来到大柴湖，告诉大家：省里研究决定，投资 4700 万元，给大柴湖建立一座日产万吨的现代化自来水厂。

为解决大柴湖人多地少的生存困境，湖北省委、省政府决定从大柴湖迁出 1 万人到钟祥市 15 个富裕的乡镇重新安家……

40 年了，时代苏醒了，历史苏醒了，大柴湖移民的噩梦终于也结束了。

所有淅川移民的噩梦都结束了。他们衷心地感谢共产党，衷心地拥护改革开放。

清冷而寂寥了数十年的丹江库汊里，开始嘹亮响起带有明显楚风的淅川民歌：

太阳下山坡哎，

鸡鸭进了窝哟喂。

一望丹江水哎，

是条流金的河。

船上的女子你慢点篙，

捞船元宝下湘鄂！

哟呵呵呵……

═══ 延 伸 阅 读 ═══

南水北调初期淅川支边及移民情况

丹江口水库工程初期，从 1959 年开始，到 1978 年结束，共动迁 20.2 万人。其中支边青海 2.2 万人，外迁湖北省荆门 2 万人，钟祥大柴湖 4.9 万人，邓县（现邓州市） 1.5 万人，淅川县内安置 9.6 万人。淅川县内安置的移民中有一半以上安置在库区沿岸，称后靠安置移民。动迁人口占当时淅川全县人口的 46.7%，占整个丹江口水库动迁人口的 53.6%。

南水北调初期移民潮

1962 年 3 月，丹江口水库大坝因严重质量问题被迫停工，移民工作中止。1964 年大坝工程重新上马，1966 年 3 月真正的移民潮到来。这次移民潮共分 6 个阶段：

第一阶段：1966 年 3 月—1967 年 4 月，外迁湖北荆门 10976 人，钟祥大柴湖 3895 人。

第二阶段：1967 年 4 月—1968 年 8 月，外迁湖北大柴湖 8424 人，荆门 14887 人。

第三阶段：1968 年 9 月—1971 年 3 月，外迁湖北大柴湖 31670 人。

第四阶段：1971 年 3 月—1972 年 5 月，外迁邓县 11927 人，其余后靠安置。

第五阶段：1973 年 3 月—1976 年，外迁邓县 2.4 万人。

第六阶段：1976—1978 年，后靠安置 25870 人。

南水北调初期国家补偿

1959 年，8008 人支边青海，每人发军大衣一件、棉衣一套、被褥一条，自带干粮 2 斤。

1961 年，124 米水位线以下移民 2.67 万人，以水逼迁至邓县等地，没有任何安置费。

1966—1969 年，147 米高程以下移民动迁，迁往荆门的人均补偿 418.4 元，迁往钟祥的人均补偿 423.08 元。此补偿大部分用于建房和路费等用途，到移民手中仅十几元。

1969—1978 年，动迁人口 20.2 万人，后靠移民安置费人均 300 元，外迁移民人均 470 元。

1976 年，丹江口水库蓄水位提至 157 米，移民高程 159 米。为此淅川县需移民 25870 人。该批移民人均补助 370 元（主要用于建房和搬迁费）。

执政为民的样本：南阳大移民中的公仆们

时任南阳市委书记李文慧向移民搬迁突击队授旗。

1 天降大任于南阳

"丹水不北流，誓死不回头！"半个世纪以来，南阳人为把一库清水送北京，喊出了豪情万丈的口号，付出了巨大的代价和牺牲。正如作家蒋巍所写："北京一滴水，淅川几多泪！"碧波荡漾的渠水里，不仅有移民们故土难离、亲情难舍的泪水，更有迁安干群们艰辛、委屈、忍辱负重的泪水。在新时期的世纪大移民中，南阳的广大移民干部牢记党的执政为民的宗旨，把移民当亲人，无私奉献，忘我牺牲，在如此复杂艰难的世纪大移民中，南阳的党群干群关系不仅没有受到伤害，反而呈现出新中国成立以来最为融洽、最为和谐、最为感人的鱼水关系，谱写了一曲和谐移民的赞歌，也谱写了一曲执政为民的颂歌。我们在紧随移民搬迁的数月采访中，听到了一个个故事，看到了一个个场面，接触了一个个人物，追寻到一个个细节，无不让人频频落泪，同时，也让人忍不住频频回望。因为，那里边有我们前进路上的力量。

为了使南水北调中线干渠里的水能够从南阳陶岔渠首自流到北京团城湖，2005 年 9 月 26 日，丹江口水库大坝加高工程启动，坝高由 162 米增至 176.6 米，正常蓄水位由 157 米提高至 170 米，与北京团城湖形成 98.8 米的落差。这样，南阳市淅川县将新增淹没面积 144 平方公里，占库区新增淹没面积的 47.6%；新增搬迁人口 16.5 万人，占淅川县总人口的 20%。

南水北调是一个史诗般的世纪工程，而数十万的大移民，是这部史诗里最动人的乐章。

又一次大搬迁开始了。

2009 年 7 月 29 日，河南省南水北调丹江口库区移民安置动员大会在淅川县召开。

南阳人的神经一下子绷紧了，亢奋了。因为这是一个看似不可能完成而又必须完成的任务，是天职、天责。世界上移民失败的悲剧太多了，而他们亲身经历的例子，就在眼前，就在昨天。

但这里是历史上出过百里奚的地方，是出过范蠡的地方，是出过刘秀和二十八宿的地方，是成就过诸葛亮的地方，是生长胆魄和智慧的地方。丹江口水库大坝加高工程计划 2013 年完成，上级要求河南的移民工作从 2008 年 11 月启动，4 年完成。河南省委、省政府以超人的胆略，向国家提出四年任务两年完成。而南阳人更是发出了铮铮誓言："四年任务，两年完成。"时任市委书记李文慧说："南水北调移民迁安是大局，是责任，是机遇，是民生，必须决战决胜，四年任务两年完成，向中央和省委、省政府交一份满意的答卷！"

南阳人有什么底气？

底气就是他们有新的武器，有实事求是的党中央，有以人为本的新宗旨，有执政为民的新政策。

2002 年 5 月 8 日，时任国务院副总理温家宝冒着大雨，踏着泥泞，在淅川南王营村走村串户，慰问移民。

2009 年 5 月 23 日，时任国务院南水北调办公室主任张基尧在郑州讲话说，做好新形势下南水北调征地移民工作，必须发挥四个优

河南省副省长刘满仓在淅川移民村调研。

势，即党的领导优势、社会主义制度优势、党和国家政策优势、党的群众工作优势，引导征地移民工作从政府行为转变为移民群众的自觉行动。

2009年5月25日，时任河南省省长郭庚茂强调：要坚持以人为本，要求各级干部都要带着深厚的感情做好移民工作，想移民之所想，急移民之所急，解移民之所需，使移民从工程的贡献者成为工程的受益者。

……

这就是从北京一路传过来的党中央的声音。

南阳人把这次大移民叫作南水北调国家"一号工程"。他们知道压在自己肩上的是一副什么样的担子。三峡移民中，农村移民45万，搬迁了16年；黄河小浪底水库河南移民14.8万，搬迁了13年；埃及的阿斯旺水坝，10万移民，搬迁了20年……而"一号工程"淅川要搬迁16.5万人，两年完成，平均每天要搬迁227人。这是世界移民史上没有过的，南阳人要创造世界移民史上的奇迹吗？激情，豪情，压力，责任，使命，担当，让当时主管移民工作的市领导和市移民局局长王玉献生出一腔悲壮。他们明白自己将面临的是怎样的艰难和险峻，但他们必须义无反顾，像策马冲向战场的将军，勇猛而决绝。两人互相望了一眼，拍拍肩，市领导说："玉献，我们俩先相约一下：谁在移民工作中倒下了，家里的事就托付给对方。"王玉献点一下头，没有说话，他眼眶有些发热。

他们出发了。

2009年7月29日，"河南省南水北调丹江口库区移民安置动员大会"在淅川召开。一场移民战役正式打响，虽然没有硝烟，但却泪汗飞溅。

2 王玉献：拼命三郎，为民拼命

王玉献给人的印象是，个子不高，黑，壮实，南阳人叫铁疙瘩、板不烂。

但在这次大移民中，他板烂了。

王玉献是在 2009 年 7 月 "河南省南水北调丹江口库区移民安置动员大会" 前夕履职南阳市移民局局长的，有点临危受命的意思。这是一个真正冲锋陷阵的干将。还没等他披挂整齐，各种会议、各种文件、各种活动、各种问题，如山似涛地向他压来。他没有节假日，没有星期天，甚至连办公室也没有，整天不是在移民村，就是在移民安置点，或者是在失急慌忙的开会路上。啥时困了，坐凳子上眯瞪一会儿；啥时饿了，随便吃两口。移民局当时连个写材料的人都没有，他把自己关在一间小屋里，关了 4 天 4 夜，拿出了《南阳市丹江口水库移民整体工作方案》，南阳 16.5 万移民的迁出和迁入，基本上都是按照王玉献的方案在有序运行。除了开会学习，他大部分时间都在移民村里，有时站在村头向村干部了解情况，有时坐在移民家里跟移民拉家常，他说这就是他工作效率最高的 "办公室"。他的工作作风就是亲临一线，靠前指挥。每一次移民迁出，他都要赶到现场送行，并跟着车辆，一直

2011 年 6 月 23 日，王玉献（右二）在雨中看望移民。

送到南阳的边界上。大客车的窗户里伸出许多移民们的脑袋，望着慢慢远去的南阳，望着即将消失的家乡，他们都说，他们最后看见的一个南阳亲人，是王局长。

终于有一天，王玉献"失踪"了。主管移民工作的市领导急了，亲自打电话找他。王玉献接了电话，说他有事，事办了就回去。到了下午，还不见他的影子，市领导又打电话，电话那头的声音有点嘟嘟囔囔，说，事还没办了。问他有什么事啊？他不说。什么时候回来啊？他说尽快吧。

第二天上午，他回来了，是在第一次移民现场会上。有人发现了他腰上的刀口。这才逼出了他的真话：原来他昨天躺在市中心医院的手术台上，做了肾结石手术。他没让领导和同事们知道；自己误了工作，不能让同志们因为自己再误了工作。他也没让家里人知道，怕妻子哭哭啼啼的不让他出院。他是拒绝了医生的劝阻，偷跑出来的。

肾结石是个非常疼痛的病，王玉献是什么时候得上的，人们不知道，只知道他近来头上好出虚汗，现在想那是疼得。10 多天后，他还尿血。

从此，人们叫他"拼命三郎"。

硝烟正浓，战斗正酣，一个真正的战士，是不可能被劝退出战场的，即使是他负了伤。2011年7月30日，由于操劳过度，王玉献晕倒在地，头部负伤，缝了好几针，妻子监督着他在家输液、休息。8月2日，天下大雨，那天正是卧龙区蒲山镇帅庄移民新村移民入住的日子。王玉献坐卧不宁，操心移民们一路上淋雨没有？大货车上装的家具什物淋湿没有？一路上出啥娄子没有？卧龙区这边迎接移民入住新家的场面热烈不热烈？……妻子看雨下得这么大，夜也深了，谅丈夫也不会跑了，就抽空回了趟娘家。谁知她一走，王玉献就拔下针管下了床。他赶到帅庄时是夜里12点35分，移民们还都在往屋里搬东西，有骂骂咧咧的埋怨声。但他们突然看见了王局长，王局长头上绑着绷带，右手上扎着留置针，一家一家地查看，安慰他们，嘱咐他们有什么困难要及时向政府提……人们忽然都安静了下来，用诧异的目光望着王玉献：他们看见，已被雨水淋湿的王局长，右手上，一

王玉献把移民送进新家。

2011 年 8 月 25 日，南水北调丹江口库区最后一批大规模移民外迁欢送仪式在淅川县举行。

缕鲜血从留置针管里回流出来……

2011 年 8 月 25 日，83 辆大巴车从滔河乡张庄村徐徐开出，最后一批 1192 位移民迁往许昌市襄城县，入住清一色两层小洋楼的移民新村。16.5 万人，两年；不伤、不亡、不漏一人；安全、顺利、和谐。奇迹，真的让南阳人创造出来了。而移民局长王玉献，已不像先前那么壮实，他疲惫，憔悴，背也有点弯。他耳朵聋了，跟人说话时总是趔趄着身子，把耳朵往你身上贴，这是他在移民工作中落下的又一个毛病：一天打几百个电话，把耳朵震坏了……

铁疙瘩、板不烂的王玉献，这次板烂了。

然而，更大的变化体现在他的精神和品格上。原本有点内向拘谨的王玉献，大移民后变得大气、凝重、镇静、果断、务实、亲民；人们说，这是个可堪大任的角儿……

3 安建成：英雄一跪，天地动容

安建成是个普普通通的干部，普普通通的共产党员。他面部有棱角，写着淅川人的坚韧；但表情有些忧郁，不善言辞，朴实敦厚，做啥事都不起眼。这样的人容易被欺生。也许他不适宜做"天下第一难"的移民工作，但移民大战一开始，组织上就派他到陈岭服务区任副主任。服务区是淅川县在大移民期间特设的区域组织，每五个村为一个服务区。可见，安建成面临的任务之重。

组织上对安建成是了解的，但一般人不知道，安建成是对越自卫反击战时的一位英雄。20世纪80年代，在老山前线，他带领一个班给麻栗坡前沿运送弹药补给，20公里雷区，他每两天穿越一次。他是戴着军功章复员回乡

下跪英雄安建成。

的。组织上相信，这次移民大战，安建成也决不会给组织丢脸。

陈岭是 1959 年 1000 名支边青年前往青海的出发点。这里居住着许多后靠移民和从青海等地返迁的人，他们对 20 世纪迁移之苦记忆太深了，体会太深了。因此，对此次移民的抵触情绪可想而知。

安建成首先走进了安洼村连老头的家。他刚吐出"搬迁"二字，老头就敏感地跳起来，指着安建成的鼻子破口大骂："龟孙，你杀了老子算了！搬过两次了，70 多了，还要我搬呀！"安建成满脸通红地被老头赶了出来。

村上的人都笑了，有老头做挡箭牌，他们可就有话说了。安建成再到别家去动员的时候，人们就一句话：行啊，好说，连老头啥时说搬，我们就啥时搬！

之后，人们发现，安建成经常带着烟、酒、水果之类的礼品到连老头家里去；过年过节，自己的亲戚不走，也要到连老头家里看看。

终于有一天，连老头笑呵呵地在搬迁协议书上签了字。

全安洼村 109 户 417 人都签了字。

2010 年 6 月 26 日，搬迁的日子到了。太阳把安洼村烤成火炉子。安建成衣服被汗水浸湿，贴在脊梁上，跑了这家跑那家。下午两点，突然接到指挥部命令说，接送移民的车辆临时增加 30 辆，必须尽快拓宽路面，平出停车场地。安洼村沿江散落，山路崎岖，场地狭窄。时间太紧了。安建成即刻联系工程机械。

半个钟头后，大型铲车开进安洼。丹库如镜，反射着阳光，库边的安洼村显得特别的湿热。安建成浑身湿得像从水里刚爬上来，前后跑着指挥。突然，身后响起一声大喝："安老四，你娘的！怎么把老子祖坟铲了！"安建成一回头，看见 60 多岁的全某带着妻儿老小一大家子人冲了过来。安建成还没明白是怎么回事，全家老二一石头就摞了过来。安建成身子一歪躲过了石头，还没有站稳，全某两口子就冲上来一把揪住了他的衣领，拳头巴掌就上来了。

原来，全某家老坟就在路边，荒草丛生，难以辨识，铲车司机作业时，以为是寻常土堆，不小心蹭了个边儿。

乡风乡俗，千年传统，动了人家祖坟当然是大事。安建成一时无措。但他看看现场，也就是稍微的剐蹭，并无大事，全家的雷霆大怒，显然是另一种情绪的宣泄。

许多人解劝、圆场。

但全家人态度强硬，全某老伴掐住安建成的脖子不丢，又哭又骂。"不行！让他给俺祖坟圆坟，给俺祖宗磕头！"全某蹦着叫喊。

安建成蹲在地上，一根接一根地吸烟。跪天、跪地、跪父母，安建成虽然面善，但他内心非常坚强，从小到大没向谁低过头，服过软。在老山前线，遍地地雷，树丛里不时闪过越南人的武装小分队，但他从没退缩过，总是走在队伍的最前面。

"安老四！你磕不磕？"全家人拦在大铲车前边，有人用石头砸铲车。

安建成吸掉 8 根烟了。几百人围着看。大家都向着安建成，觉得他不能磕，不该磕，安主任刚刚还在帮他们搬家具、背粮袋啊！

有人提出要替安主任磕。全某说："不中！非得安老四磕不中！"

安建成吸到 10 根烟了。今天在场的人，许多都与安家沾亲带故，不少是安建成的同族。他已快 50 的人了，是人生最重尊严的时候，长辈都健在，晚辈如林，他们的目光都在盯着他。乡风，跪别人的祖宗，就是抛弃自己祖宗，这是奇耻大辱，丢的是祖宗八代的人，拼了命也是不能跪的。

"行，你不磕，老子们不搬了！"全家人坐在了大铲车前。

安建成把第 10 根烟头掐灭了，从地上忽地站起来。"我磕！我给老人家磕头赔罪！"

这不是简单一跪就了的事，全家要把它办成一个隆重的仪式。服务区买来了一大摞烧纸，买来了一大挂鞭炮。阴钞烧起来了，鞭炮响起来了，安建成跪在坟前，把头磕下去，磕下去；他磕得很重，一连磕了 10 下。

无涯无际的丹江口水库上空，忽然飘起一大片黑云，天地一暗。太阳捂住了脸。

安建成从地上站起来，迅速离开人群；他怕人们看见他的眼泪，怕人们听见他呜咽的哭声。

他膝盖上粘着泥巴，头发上粘着草屑，使劲低着头。但没等他走出人群，人们还是听到了他忍不住的一声哽咽。

2013 年，在河南省的一次践行党的群众路线座谈会上，安建成谈到了那次下跪的事。他说，当时想得很多，但当他听到全家人说不下跪就不搬迁的话时，他一急，想起了县里领导一再强调的话：这次移民，我们一定要把百姓当父母，把移民当亲人。既然百姓是我们的父母，那百姓的祖宗也就是我们的祖宗，丹江边上黄土埋的都是我们的亲人。一个移民干部，一个共产党员，给他们磕个头，也是应该的。

但那毕竟是一次天大的委屈。直到 2015 年，在一次记者采访中，安建成仍数度哽咽，记者不得不放弃采访。

英雄一跪，天地动容；矮下去的是身体，高大起来的是形象，鲜艳的是党旗，闪亮的是精神。

4 徐虎：泪洒香花，浴火九重

　　香花，百花竞艳、花香扑鼻的名字。它是南阳市淅川县最南边的一个乡镇。亚洲第一大人工湖丹江口水库的粼粼光影，就荡漾在香花镇上家家户户的墙壁或堂屋里。她已"香"飘世界了。1977年，香花镇引进日本枥木三鹰椒，由于香花的独特地理位置与气候，结出的三鹰椒竟显出比原产地更优秀的品质：角小，色鲜，肉厚，辣味浓香，油分大，水分小，营养价值高，易干，易储运。1993年，国家工商局鉴定注册，命名为"香花小辣椒"，一时享誉海内外。香花镇成为全国最大的小辣椒生产基地和世界级的小辣椒交易市场，号称"辣城"，年销售额达10亿元。再加上香花濒临丹湖，旅游业和渔业也得天独厚，三业并举，香花人富得流油，繁华的香花镇就有了另一个绰号："中原华尔街"。

　　"中原华尔街"的党委书记叫徐虎。

　　香花镇人口5万余，这次移民人数达2.8万人，占淅川县总移民人数的17%，是第二大移民乡镇。

　　问题不在移民人数多，而在香花镇的富。有一个刘楼村，村里光20万元以上的小轿车就80多部，运输车辆200多部。因此，香花人一个声儿地说：生是香花人，死是香花鬼，不搬！

那时省里有一个说法：河南移民看淅川，淅川移民看香花。

泰山压顶！徐虎头大了好几天。

刘楼村村支书给徐虎交了一份辞职报告："我不干了！我自己内心深处都不愿意搬迁，咋去做老百姓的工作？这工作我胜任不了！"

一位老太太站在已经启动的客车前，手扒车门，四下张望。风吹着她的白发，白发诉说着她的忧伤。

老人要去600多公里外的地方，新乡辉县。那个地方，是她未来的新家，是她从没去过的终老之地。临行之前，她想看见为她送行的儿子。

但她的儿子始终没有出现。

她的儿子叫徐虎。

此时的徐虎，正坐在香花镇党委办公室里，7点多了，他还没有吃饭，翻看着记事本，思考着新一天的工作。突然，他听到了嘈杂的吵闹声，自远而近。

四五百群众围住了镇委镇政府。吵闹声，叫骂声，震得院里的树叶唰唰往下掉；激烈，愤怒，也听不清具体都说些啥；但总体意思是明白的：安置的地方没有香花好，不搬！

来势凶猛，群情汹汹。有人建议徐虎躲一躲。徐虎没听，他喝一口水，润润嗓子出去了。他站在人群里，让人们唾沫飞溅、指指戳戳地撒了一会儿气，然后，用一种充满感情的男中音说道："乡亲们！我知道你们不想搬。我也不想让你们搬啊！我是镇里的书记，可我也是移民的儿子啊，就在这一会儿，就在此刻，我80多岁的老母亲，还有两个弟弟，正在去黄河以北安置点的路上，汽车已经过南阳了……"徐虎的眼睛湿了。人群一下子安静下来。他继续说："不错，咱香花是个好地方，大城市有的咱这里有，大城市没的，咱这儿也有。可是大家想过没有，以后南水北调了，水上餐厅和游船污染水源，绝对不会再让办了；网箱养鱼污染水源，也绝对不会让再养了；小辣椒呢，丹江口水库大坝升高了，水位一上来，都淹了。不搬，等于在这里等着受穷啊！请大家放心，香花的党委政府绝对会把你们安置好的。安置不好你们，我这个党委书记引咎辞职！我不配当移民的儿子！"

一席话，说得人们眼泪丝丝的，默默地散去了。

当然，这离让群众主动在搬迁协议书上签字、然后拆屋搬迁，还有很远很远的距离。

徐虎开始了逐家、逐人地做工作，没有节假日，也没有白天和黑夜，他们自己叫"白＋黑"工作法。

他说，我们要做百姓的贴心儿女，当移民的孝子贤孙；香花镇28000个移民乡亲，一个也不能叫带着遗憾离开故乡。工作中谁敢逼老百姓，找些痞子混混恐吓老百姓，采取强制手段拆房子，党纪国法严惩不贷！

这就成倍地增加了工作量。

最顽固的一个人，徐虎竟挖地三尺，从两省5个县找来了26个与他关系密切的亲朋好友，组成"劝说团"，最后高高兴兴在搬迁

徐虎在检查移民新村的房建质量。

协议书上签了字。

刘楼村有个大老板叫赵福禄，投资600多万元在丹江岸边开宾馆、做餐饮，生意火爆，一年收入一两千万元，首先站出来拒绝搬迁。徐虎跑到邓州市，跟分管市长、移民局长、裴营乡的党委书记坐下来"谈判"：我们香花的赵福禄，是经营餐饮业的大老板，搬到你们这个地方，除了"普惠制"外，希望你们还要给他"最惠国"待遇，让他享受邓州市招商引资的优惠政策，提供场地，提供贷款，让他能把"丹江渔家"复制到邓州。

谈判胜利，徐虎又亲自带着赵福禄到了郑州，找了一家设计院，给他做了一个"丹江渔家"重建规划。

古色古香的"丹江渔家"建起来了，赵福禄喜滋滋签了字。赵福禄家里兄弟姊妹加起来27户，跟着全部签字。那些观望的群众一看赵福禄这么富的人都同意搬迁了，一个一个都签了。

28000人，两年内全部迁走，对于一个乡镇级政府来说，真是难以想象。徐虎对手下的人要求很严，逼得很紧。一天，他派干部下村给老百姓做工作。夜里11点多，下起大雨，全村停电，一片漆黑。山里的黑，黑得密密实实，一下子就叫人失去了方向感，找不到东南西北。女干部张书兰，摸黑往老百姓家里赶，一下子掉到墙角的粪池里。粪池齐腰深，身上嘴里都是屎尿。同事打电话给徐虎汇报："徐书记，书兰掉到粪池子里了，让她找个地方冲一下回镇上吧！"徐虎要张书兰接电话："书兰！如果现在是战争，就是拼刺刀的时候到了！丢了性命你都不能给我后退！借套衣裳换上，继续进村，入户！"几年以后，徐虎说到此事，还忍不住哽咽，说自己那时候太狠了。

不光他对同志们狠，他对自己也狠。他的家离香花镇只有六七里路，可是他不回家。有一个拒迁户叫曹龙勋，白天找不着徐虎，一天夜里快 10 点了，看见徐虎办公室的灯亮了，就摸了进去。曹龙勋进到办公室，看见徐虎嘴上起了几个泡，双眼通红，正在泡方便面，撕包装的时候，手都有些发抖，显然是饿的。原本想与书记理论一番的曹龙勋，眼泪一下子掉了下来，鬼使神差地说："徐书记，我同意搬！"

而每个同志，对自己也狠。

张书兰回话说："徐书记，你放心，我腿没有摔折；就是摔折了，爬，我今黑也要爬到百姓家里去。"

香花镇的镇长张光东跟徐虎摽着干，两年里，基本没回过家。2011 年 6 月 13 日，他的妻子与嫂子遇车祸，嫂子死亡，妻子重伤。当时正是第二批移民搬迁高潮。他从移民搬迁现场赶到医院。半夜里，昏迷不醒的妻子被护士从手术室里推出来，他握着妻子的手，抚在脸上说："我走了，忙完搬迁，我回来侍候你，侍候你一辈子！"他抹一把眼泪，毅然出门，匆匆赶往百里外的土门村搬迁现场。

土门村村民组长马宝庆，负责监督移民新村的房屋建设，吃住都在工地，连续一个多月天天干到晚上 10 点多。2010 年 12 月 13 日晚，风雪交加，马宝庆对工友说："我头疼，特别乏。"第二天一早，人们看到他摇摇晃晃往工地走，裤子都穿反了，大家劝他回去休息。可他还往前走，走着走着，一头栽倒在地，再也没有醒过来。

在移民一线累死的还有香花镇柴沟村党支部书记武胜才、白龙沟村陈新杰。在整个大移民中，淅川共有 10 名党员干部牺牲在一线，香花占了 3 名。

2010 年 9 月 29 日，徐虎从香花镇调到九重镇，仍任党委书记。

九重，就是南水北调陶岔渠首所在地，雄伟的渠首闸，就在镇南边 500 米处，站在镇委镇政府院里，白天可以看到洁白的鸥鸟在渠首闸上空翻飞，夜里能听见丹水出闸时欢乐的告别声。它与香花镇紧邻，与香花镇同富，与香花、滔河共称三大移民重镇。九重与香花和滔河更有不同之处：它不但有繁重的水库移民任务，境内还有 10 多公里干渠经过，为渠首服务的内邓（内乡至邓州）高速也从九重附近穿过，需要征地，迁人；不仅是迁人，还要迁他们的祖宗——迁坟8000 多座。

三大重镇中，九重是三大战役的重兵集聚地，可谓重中之重，难中之难。

也许正因如此，上级才在战役的关键时候，把虎将徐虎派到了这里。

徐虎把他在香花时的工作作风带到了九重。

2010 年 9 月 29 日，大家都在兴致勃勃地准备着国庆长假的行囊。徐虎上任来了。他走进九重镇委镇政府大院，严肃着脸，送给大家一个"见面礼"：我们九重是非常时期，非常之地，取消国庆长假，坚守岗位！并连夜召开全镇党员干部动员大会。在乡镇党委书记中，徐虎是有名的铁嘴，讲话有激情。他在会上说："这次大移民，是一场特殊的战争。镇党委要求各参战人员都要视百姓为父母，把移民当亲人，用真情感动移民，拿真心对待移民，用真诚帮助移民，掏真力奉献移民。联络移民感情，不惜走遍千家万户；宣传移民政策，不怕说尽千言万语；化解移民矛盾，不惜生尽千方百计；解决移民困难，不怕吃尽千辛万苦！为国家利益而战，为移民的福祉而战，为我们这个团队的荣誉而战，是我们九重人的神圣使命；为渠首添彩、为淅川争光、为祖国增辉，是我们九重人的责任；大战面前不言败、万钧压力不言弃，是我们九重人赴汤蹈火的精神！"几句话把同志们鼓动得热血沸腾。当夜，把党员干部分为 3 个兵团：九重镇移民迁安兵团、南水北调干渠征迁攻坚兵团、内邓高速征迁建设兵团。大家摩拳擦掌，只等一声令下，就要冲锋陷阵。

移民迁安兵团里的范恒雨，日夜操劳，在一个大雪纷飞的日子里，他倒在了移民新村的建设工地上，雪花如白纱，轻轻地覆盖了他的身体。数月后，范恒雨的老伴捧着丈夫的遗像踏上了搬迁之路，泪水洒了一路。

九重村党支部书记王德明，一头倒在移民工作现场。王光文接过担子继续干，5个月后，又一头倒在工作岗位上。

2011年2月21日，又一个支部书记倒下了，他叫周克让。那天他正在查看新修的移民路。他在医院里住了两个月才苏醒过来，醒过来后只吐出一个字："路！"然后就失去了语言功能。现在，他整日坐在堂屋的一把椅子上，一个三脚架子支撑着他的身体。徐虎去看他，他嘴角耷拉着涎水，表情僵硬；他还能认出徐虎，说话也听得懂，但不管说什么，他都是咧着嘴角笑笑。徐虎抱住他就哭了。

徐虎总是躲着记者的采访。他害怕采访，因为一谈到他手下的那些基层干部，他就忍不住流泪，甚至号啕大哭。

当然，徐虎也有高兴的时候。那一年的春节，他收到了已经迁安到新居的移民寄来的186张贺年卡，还有几百条贺年短信。他回信给他们说，你们的祖坟没有了，老房子没有了，但你们的家还在，九重和香花的党委政府就是你们永远的老家，九重和香花的党员干部，就是你们永远的亲人！

向晓丽：
5 我是向晓丽，我是你们的亲人

向晓丽是淅川县大石桥乡乡长，1 米 68 的个头，端庄富态，火辣直率。她是丹江边长大的女子，有着丹江一样一泻千里的奔放性格，也有丹江一样千折百回的柔情。

大石桥乡濒临丹江，全乡 3.4 万人，需移民 1.7 万。1.7 万移民分居在 11 个村子里，11 个村子村村依山傍水，村民们抬头见山，低头见水，白天听着鸟叫劳动，夜里听着浪花安眠。他们没有香花和九重人富，但他们的生命里已经不能没有水，不能没有山，不能没有浪花与鸟鸣。

而他们的安置地，在 300 里外的平原。

向晓丽挨家挨户地做工作，一遍不行做三遍，三遍不行做五遍。1.7 万人，3800 户。见了每一个移民，她都得一脸的笑，一脸的亲切。于是，我们第一次听到了一个独特的人生体验：向晓丽说，一天下来，笑得脸疼。

但效果似乎不大，群众抵触情绪仍很高。20 世纪移民的阴影还浓浓地笼罩在他们的心头。

抵触情绪最大的是张湾村的张丰岐。他是前任村支书，影响大，号召力强。

向晓丽想以他为突破口，打开工作局面。2009年农历正月初六，年味正浓，鞭炮声还在此起彼伏。夜里下起了大雪，丹江里有冰碴子生长的声音。向晓丽带着礼品，喊上两个干部，来到张丰岐家，一是慰问，二是做他的工作。

刚倒上茶，外面就有人喊起来："乡里来抓人了！都快出来呀！"敏感的人们，一下子都从屋里跑了出来，一会儿男女老少就集聚起200多人，冲进张家院里，将向晓丽三人团团围住。许多人手里掂着棍棒，拎着石头，好像是来拼命的。

一个老人大步冲到向晓丽身边，抢过她的茶杯摔碎在地上，骂道："你还有脸坐这儿喝茶？看你给我们安置的啥地方！"

一个老太太"扑通"跪倒，抱住向晓丽的腿说："闺女呀！你咋让我们搬到那样的地方，你坏良心呀！"

突然，"啪"的一声，电灯拉灭了。向晓丽听见耳边有风声，头一歪，一只酒瓶子擦着脑袋飞过去，落在她的脚面前，摔得粉碎。一条短凳砸在了她腿上，是迎面骨处，非常疼。黑暗中，有人撕她，拧她。她没有喊，没有叫，没有呵斥，没有指责。她默默地忍着。她就要被乱拳打死了吗？她突然害怕了，不是怕死，是怕自己有个意外后，会给移民乡亲带来严重后果，是怕影响乡里的移民进程。一定要冷静，不能让矛盾激化。你是谁？你是乡长，是乡里的移民总指挥。移民们心里有气就是要向你身上撒，撒吧……她忍了一会儿，真的怕被打倒了，大声喊道："丰岐！你把电灯拉开！我有话要给乡亲们说。"

灯亮了，人们突然静下来。他们看见，披头散发的向晓丽，仍然亲切地向他们笑着……

　　而向晓丽看见，男女老少，一张张脸，定定地望着她，并不是愤怒，而是期待，是无奈，是可怜。她理一理头发，大声说："乡亲们！我们不是来抓老支书的。过年了，我们来看看老支书，看看大家，再征求征求你们对搬迁的意见。我知道你们心里有怨气，有什么意见，有什么要求，尽管跟我说。我在咱这儿当了8年乡长了，解决不了大家的问题，乡长我不干了！"她坐下来，掏出笔，掏出笔记本，开始记录乡亲们的意见和要求。她大叔大娘地叫着，大哥大姐地喊着，一个人一个人地记。等到最后一个人说完，已是凌晨两点多钟。向晓丽把最后一个人送走，门一掩，趴在张丰岐的桌子上哭起来。

　　老支书张丰岐的思想就是那夜的风波以后转变的，他带头在搬迁协议书上签了字。

　　大石桥乡另一个移民大村是西岭村。全村3600多人，许多都是二十世纪六七十年代的返迁户，有的来回搬迁了几次，从十几岁的小伙子搬成了六七十岁的老人，一听搬迁二字就恼火，就害怕。经过几十年的艰难打拼，他们已把返迁地变成了富饶之乡：荒山种满了金橘，乱石窝变成了肥沃的农田。可是，现在，乡政府又要他们搬迁了；特别是那个乡长向晓丽，死缠活缠……

　　2010年4月20日早上，向晓丽刚洗漱完毕，乡政府院里一下子拥进800多名群众，都是西岭村的。他们打着横幅，喊着口号，口号里有"打倒向晓丽"的内容。当时下着大雨，农历三月初，天气乍暖还寒。向晓丽浑身猛地打了个寒战。一个80多岁的老太太淋着雨跑过来，抱着向晓丽的腿就跪下了，哭着说："闺女呀！我都这么大岁数了，实在不愿走啊！你就叫我死在这儿算了吧！"向晓丽一时也泪溢眼眶，伸手去搀扶老人。突然有人喊起来："乡长打人了！""向晓丽打人了！"群众一哄而上，团团围住了向晓丽和乡党委书记罗建伟，谩骂，声讨，推搡，甚至有人用伞尖戳他们脊梁。最后，把他们推拥到雨地里，里三层外三层地围着，吃不上饭，喝不上水，上不了厕所。雨越下越大，淋得他们睁不开眼睛，张不开嘴巴。从上午8点，一直围到下午6点，10个钟头。向晓丽又饿又冷，浑身直打哆嗦。但她仍然亲切地笑着。一位老大娘走到她面前，用手拉了她一下，低

向晓丽在移民现场。

声说："闺女，你也是个女人，骂你恁难听，你也还几句吧。"向晓丽说："不，大娘，我不能骂你们，因为你们是我的亲人啊！在家里，没有爹妈打骂儿女，儿女就还手、还口的道理。"

下午6点，雨还在淅淅沥沥地下着。向晓丽实在笑不下去了，她笑不动了，脸颊真的很疼、僵硬；头上金星乱冒，想晕倒；两条腿发软，几次想跪下来……但是，可以用厌烦的脸面对移民吗？可以用

痛苦的脸面对移民吗？可以用毫无表情的脸面对移民吗？眼前只要有一个移民，她就必须笑着，亲切地笑着，甜蜜地笑着，温柔地笑着，像一个女儿在跟父母说知心话时那样地笑着……

最后一个移民，终于用板车推着他白发苍苍的老母亲，走出了政府大院。是那个劝她还嘴的老人家吗？她盯不真，她向老太太招了一下手，说："大娘，有事了还来找我……"她身子歪了一下，赶忙扶住了罗建伟。

向晓丽与移民合影。

2011年5月5日，南水北调河南第二批大规模移民搬迁启动仪式在大石桥乡西岭村启动。西岭村3160名移民，全部顺利搬入新居。一位老大娘临上车前，突然拉住了向晓丽的手，说："闺女，你受委屈了。"在移民面前，向晓丽第一次没有笑，她眼圈一下子红了。

2013年10月28日，向晓丽作为基层妇女代表，出席第十一次全国妇女代表大会。会上有记者采访，问她想对她动员走的移民们说点什么，向晓丽整了整头发，端庄地站好，露出她亲切的、晓丽式的笑容，对着摄像机大声说："乡亲们好！我是向晓丽，我是你们的亲人……"

6 王玉敏：
很穷，很累，很伟大

在淅川大移民的上千个日日夜夜里，人们经常看到，一个穿着朴素的中年干部，骑着一辆在 21 世纪的今天很难见到的破旧自行车，颠簸在老鹳河的岸边。老鹳河，古称淅水，是纵贯淅川县的第二条大河，汇入丹江口水库的主要支流之一，淅川因它而名。它的岸边有一个上集镇，是这次移民的重点乡镇之一。

那个骑自行车的人叫王玉敏，是上集镇的司法所副所长，负责上集镇移民工作的干部之一。

他的破旧自行车与时代很不协调，在川流不息的小轿车和电动车、摩托车走秀 T 台上，像一件锈迹斑斑的文物。车子一身毛病，他随身带着钳子、扳手，啥时坏了啥时修。他自己也一身毛病，随身带着头疼粉、痰咳净。头疼粉 1 毛钱一包，啥时头疼得受不住了喝一包。痰咳净 3 块钱一盒，一盒能吃 60 次，啥时喘得出不来气了吃一勺。

上集镇一共 13 个移民村，王玉敏来回跑，遇着有的难缠户，他跑了几十遍。他骑着他的"文物"自行车跑了 1 万多公里——人们是根据他车轱辘磨损度来算的：两年里，他的自行车换两次外胎了。

2008 年 7 月，王玉敏妻子检查出肺癌晚期，医生说生存期不会超过 1 个月。妻子多想丈夫能在她最后的日子里多陪她几天，可是睁开眼，丈夫已经骑着车子走了，除了铃铛无处不响的车子已经响到了门外。

这天，妻子觉得特别疼，好像扛不过去了。王玉敏又要推车子走，妻子终于忍不住说："玉敏，你管不管我的死活呀？"王玉敏十分内疚，拐回去握着妻子的手说："魏营有两家移民闹纠纷，我去解决了就回来。"

2008 年 7 月 20 日，王玉敏正在魏营村解决移民纠纷，突然接到邻居的电话："玉敏！快回来！你老婆不中了！"王玉敏赶忙往家跑，到家一看，妻子的身子已经凉了。他一头跪倒在妻子身边，放声大哭，10 根指头抠在地上，抠出了血。这个时候人们才看出，平时一团和气的王玉敏，其实是个血性十足的汉子。

2010 年 7 月，一位移民在县城建房工地干活，包工头长期拖欠他 2000 元工资不给。王玉敏听说后，骑上他的破自行车在县城里到处跑，寻找那个包工头。正是三伏天，路面上的沥青都晒化了，自行车"哧啦啦"一路响着，他一路"呼哧呼哧"喘着，终于找到了那个包工头，缠磨了两个多小时，才逼着包工头把工资给了。王玉敏说："我不能让移民带一点儿遗憾离开故土。"

2011 年 6 月 16 日，是淅川县上集镇白石崖村移民搬迁的日子。中午，烈日当头，气温高达 40℃，一排排大货车和大客车停在临时停车场上，车上的铁皮晒得烫手。王玉敏患有严重肺气肿、气管炎，医生叮嘱他千万不要出门，这种天气，好人都受不了，狗都热得吐舌头，肺气肿更受不了。可王玉敏还是来了，而且是凌晨 3 点起的床，骑着他的破自行车，骑了 40 里，第一个赶到了移民现场。司法所所长王志红看见他浑身浮肿，吼吼地喘着气，脸憋得乌青，劝他说："老王，你身体都这样了，回去歇歇吧！"王玉敏笑了笑，说："没事儿，我还行。"仍然帮着移民抬家具、搬木头、扛粮食，忙了这家忙那家，一直忙到下午两点才吃上午饭。吃饭的时候，王志红看见，王玉敏的手抖得连菜都夹不住了，就严厉地说："老王，明天就是天塌了，你都要在家里给我好好休息！"可第二天早上4点多，他又骑着他的破自行车来到移民搬迁现场。王志红一见，发了脾气："王玉敏，你不要命了！"王玉敏故作轻松地说："没事儿。动员乡亲们几个月了，现在要走了，不送送，心里过不去。"

就在那天送走白石崖最后一车移民后，回到家，王玉敏倒下了，时年56岁。

人们都知道，王所长是累死的。

人们到王玉敏家里去送行，这才知道，原来王玉敏是个无家可

淅川县上集镇移民在搬迁。王洪连 摄

以身殉职的王玉敏。

归的人。他的房子为给妻子治病卖了，他借住在表侄女家里。在他借住的屋子里，人们看到了他全部的家当，最显眼的是他的破自行车，还有一张木床，一台不会转的旧风扇，30元的积蓄，10万元的外债。

这是河南日报女记者赵川第10次听到移民干部牺牲的噩耗了。她来到了王玉敏的家里。记者比一般人观察得仔细，她描述说：我只看到一张老式木床，一双穿得没了色的皮鞋；厨房灶台上放着掉瓷生锈的锅碗，没见油壶，只有小半瓶醋、半小碗盐。表侄女说他只熬白米粥，舍不得炒菜。在一个纸箱子里，我翻到了他的几本《民情接访日记》、《司法文体纪实》、保全申请书、执行申请书等，字迹工整隽秀。纸箱的最下面是他获得的一摞荣誉证书和党员证……女记者跑到鹳河岸边，放声大哭。

她哭一个共产党员的贫穷，哭一个移民干部的劳累，哭一个人民公仆为民忘我的牺牲。

那天下雨了。天若有情天亦老啊……

7 冀建成：母亲的守望

冀建成是个孝子，平日里，每天上班走的时候，都要跟母亲辞个行，下班回来的时候，给母亲问个安。母亲快80岁了，身体还算硬朗。

可是，一连几个月不见儿子了。老太太知道儿子忙，忙南水北调哩，忙移民哩，大事，他是县里移民局局长。

不过，她也不少见儿子。她几乎每天都守在电视机旁，端着碗也在看，睡觉前也在看。光看南阳台和淅川台，这俩台好播本地节目，节目里有儿子。每当看见儿子，她就合不拢嘴地笑，有时会骂一声："鳖子，又瘦了！"或是："鳖子，又黑了！"如果画面一闪就过去了，她会骂一声："鳖子，慌啥哩慌！"有时候，她会有些恍惚，望着电视里的儿子喊一声："娃儿！你吃药没有？"

母亲知道儿子有严重的糖尿病、心脏病，晕过去几次了。

冀建成不管去哪里，身上总带着三件"宝"：胰岛素、小毛毯、文件袋。他一天两支胰岛素，一年要扎730针，满肚皮针眼。不管是坐车还是乘船，屁股一沾着座椅，他就掏出文件袋，看文件；啥时看得打盹儿了，就拉过小毛毯，往身上一搭，睡觉。睡醒了继续看文件，办公。

作为淅川县移民局局长，他实际上是这次淅川大移民的"总参谋长"，移民工作中的200多个环节，他必须事事谋划在前，谋划到位。比如移民人口登记、实物核实、移民补偿、派遣移民工作队、移民村确定、安置点对接、移民村建设、搬迁运输方案……就拿安置点对接来说，全省6个省辖市、25个县、208个安置点，每一个他都要一次又一次地过问，一遍又一遍地联络。2009年9月，试点移民搬迁，搬了20天，他每天工作20个小时以上，基本就是20天"连轴转"。

这些，母亲在电视里看不到，她只觉得儿子瘦了，黑了。

冀建成说移民局是移民的娘家，自己是移民的娘家人。"我们一定要处处、事事为移民着想，宁可苦自己，也不能亏待移民。干不好

冀建成与临迁前的移民亲切交谈。 杨振辉 摄

移民工作，咱们党员干部背良心！"他经常这样敲打手下。为了准确登记丹江口水库里的渔网渔具，冀建成亲自带队下湖测量登记。丹江口水库库汊多，渔船渔具分散，当时风大浪高，同志们都劝他不要去了，派几个年轻同志和下面乡镇的移民所所长去就行了。但冀建成说，这是要上级出政策的，不拿到第一手资料，心里不踏实。他带着工作小分队，在寒风刺骨、港汊密布的库区里逐船、逐户实地核实登记，终于弄清了渔具网箱的数量、规模以及渔民的投入等情况。然后，他十数次往返郑州、武汉、北京，向上级反映情况，并据理力争，终于使库区移民的渔网渔具纳入了实物补偿范围，补偿价格也由原来的渔网每吨 300 元增加到每吨 600 元，网箱由每平方米 6 元提高到每平方米 10 元，仅此一项，即为库区移民多争取到 1300 多万元的实物补偿款。接着，冀建成又为其他补偿项目上下奔波。在他的努力下，移民新村的建房标准由每平方米 450 元增加到 530 元，另增每平方米 10 元装修费；幼树补偿由每棵 10 元增加到 80 元……

这些，母亲在电视里也看不到，她只觉得儿子瘦了，黑了。

2009 年的一天，冀建成为了给移民争取更多的补偿，又去了武汉。他早上 4 点就出发了，500 里地，一路催着司机，上午上班时赶到了长江水利委员会。刚汇报完情况，电话来了，下午河南省移民局有一个紧急会议，要他准时参加。他来不及吃早饭，也来不及吃午饭，催着司机往郑州赶。郑州的会结束了，又连夜赶回淅川向县领导汇报、落实会议精神。他赶回淅川时，已经快 12 点了。他要去找移民指挥部常务副指挥长宋超汇报。他拉开车门，刚迈出一只脚，两眼一黑，一头栽倒在地上。

这些，母亲在电视里也看不到；她知道儿子在忙南水北调哩，在忙移民哩，在干大事哩。她只觉得儿子瘦了，黑了；但她为儿子骄傲。

2009 年 8 月，冀建成的母亲腰椎摔伤，住进了医院。冀建成仍然无时间看望母亲。"妈，我实在走不开，照顾不了你，你安心治病，我一有空儿就去看你。"电话里，冀建成哽咽着说。可是，二十多天时间，冀建成没有去医院照顾老母亲一次，哪怕是看一眼。他实在是忙啊。冀建成想，老母亲肯定会有许多埋怨的话。但每次电话里，老母亲都是交代："按时吃药，别晕倒了。不用紧记我，住两天我就回家了，回家能看电视，电视上天天能见到你……"

听着老母亲的"唠叨"，冀建成埋下头，用手遮住眼睛，一滴泪水从指缝里浸出来。

8　宋超：常务副指挥长的一天

　　宋超是淅川县委副书记，在这次淅川大移民中，他任移民指挥部常务副指挥长。指挥长是县长，他要负责县里的全面工作，所以常务副指挥长实际上就是前线总指挥了。

　　宋超是 2009 年 7 月任的副指挥长，上任以后，基本不回家，也不回县委，整天就在移民村里跑，沟沟汊汊，山山水水，日日夜夜，风风雨雨。你认不出他，他头上戴一顶草帽，脖子里搭一条毛巾，穿一身汗渍斑斑的迷彩服，脸晒得黢黑，走路急匆匆，没一点县级领导的样子，就是一个地地道道的山民。有人喊他"父母官"，他摇摇手：我不是父母官，我是移民的儿子。

　　移民指挥部常务副指挥长有多忙？司机周林说：

宋超（左）与王玉献（右）在搬迁现场。

"没法形容他有多忙，反正我和宋书记出去，车上有三样东西必带：一是花生米，二是安眠药，三是手机电池。宋书记有低血糖，不敢饿着，吃饭又太费时间，所以兜里经常装着花生米，饿了就掏几粒嚼嚼。他的手机配 4 块电池，但还不够用，又配了一个车充。"

主抓移民工作的副县长王培理对宋超的忙也无法形容。他把宋超 2010 年 7 月 9 日这一天的活动轨迹简单地记了下来，记得淡然无味，但很真实，很真情，隐隐透出他对宋超的心疼，读来让人有一种感动。

时间：2010 年 7 月 9 日。

早晨 6 点，起床。老宋和我匆匆吃过早饭，赶到马蹬镇任沟村检查移民搬迁情况；让村支书领着到移民家中走访。接电话 27 次，打电话 23 次。

上午 10 点，赶到香花镇的吴田村和宋沟村，了解库底清理和后靠内安规划情况。接电话 18 次，打电话 21 次。

下午 1 点半，草草吃点儿午饭，吃饭中间继续与乡、村干部研究香花镇的搬迁方案。接电话，打电话。

下午 2 点，饭还没吃完，搬迁指挥部来电：正在搬迁的大石桥乡东岳庙村突降暴雨，有发生洪灾的危险。老宋我俩扔下饭碗，立即冒雨以最快速度往大石桥乡赶。在车上，老宋通知公安局、移民局、水利局等相关部门人员，立即赶到东岳庙村，并调集帐篷、雨布、雨衣等防汛物资，迅速到位。接电话 31 次，打电话 36 次。

下午 3 点，赶到东岳庙现场，衣服全部湿透，来不及换胶鞋，一脚下到水里，蹚着没膝深的水直接进村。村里正在装车，移民情绪有点失控，见到干部就吵，骂骂咧咧。老宋一边安慰群众，一边指挥大家帮助移民用雨布遮盖家具什物、抢修道路。群众看县里领导都淋成这样了，都不再发牢骚了。接电话，打电话。

下午4点，雨停了。帮助移民装车。修雨水冲坏的道路。老宋一身泥巴。接电话，打电话，给手机换电池。

下午5点，离开东岳庙，一路上查看大石桥乡东湾村停车场、滔河乡上寨村和下寨村停车场；和乡、村干部研究排水、护路，保证第二天搬迁车辆进得来、出得去。打电话，接电话。

下午6点10分，离开下寨，赶到盛湾镇陈庄村。这里只有一条土路，下雨后通行困难。移民粮食、衣被、家具淋湿，很不满。老宋一家家慰问，安抚；调集公安干警和路政人员，给陈庄村修复道路。接电话11次，打电话15次。

晚7点，雨又下起来了。15分，离开陈庄，冒雨前往仓房镇王井村。顾不得吃饭，和仓房镇党委书记研究如何保证停车场和通往移民村的道路不被雨淋。有人说没办法，咱又不能把天捂住。老宋说咱捂不住天，能捂住地。他提出用塑料布把停车场和通往移民村的道路盖起来。大家都说就这一个办法了。立即向全县发通知，征集所有的塑料布，淅川不够，又连夜派人到湖北丹江口市采购。接电话15次，打电话18次。

晚8点，还没吃饭。乘车往仓房镇政府赶。车上，老宋嚼他的花生米。在仓房镇政府召开仓房镇全体工作人员搬迁工作会议。会上，又看见老宋嚼花生米。接电话13次，打电话 16 次。

　　夜 9 点 18 分，会议结束。吃晚饭。饭桌上商量第二天移民过江的安全方案。接电话 9 次，打电话 9 次。

　　夜 11 点 58 分，住宿仓房。老宋洗衣，吃安眠药，给 4 块电池充电。睡觉。打电话 8 次，接电话 6 次。后来电话又响了 5 次，他没接。老宋睡着了。

　　第二天晨 5 点半，起床，送移民过江。

　　……

　　2010 年 6 月 17 日，淅川第一批移民搬迁启动仪式在滔河乡凌岗举行，80 天内共搬迁移民 6.49 万人，以上是王培理记下的 80 天中的一天。10 月 26 日，在河南省第一批移民安置总结表彰大会上，国务院南水北调办公室主任鄂竟平动情地说："河南省在一年内就完成 6.49 万人的搬迁任务，年度移民跨区域安置强度超过了当年三峡工程、

2010 年 6 月 17 日，南水北调中线工程丹江口库区第一批大规模移民搬迁启动仪式在淅川县滔河乡凌岗村举行。

小浪底工程，并且大规模移民实现了和谐搬迁、移民安定、社会稳定。这是了不起的成就，这在中国水利史上是空前的！"宋超坐在会场里，以手掩面，泪水潸然而下。

9　王文华：妻在鱼关

　　王文华已在唐河县王集乡生活 6 年了，但他还时不时地往来路上看，看过来的汽车，看汽车上走下来的人。

　　他在等一个人。等他的妻子。

　　建于丹江边鱼关村的移民丰碑。为南水北调而远徙他乡的移民们的名字将永远铭记在故乡的土地上。

他总觉得妻子还没有死。她还在老家鱼关。有那么一天，妻子会突然从一辆汽车里走下来，手里挽一个绿挎包，四下张望。他会飞跑过去，喊着："嗨！嗨！在这儿哩，你往哪儿看？"他接过挎包，两个人相视而笑，笑眼里，泪花闪闪。

王文华把眼睛看酸了。他抹一下眼睛。

鱼关是一个古老的村子，又名鱼关口。它坐落在丹江岸边的一条河汊里，四面环山，一道瀑布泻下来，欢笑着与丹江拥抱在一起。丹江里的红尾鲤鱼成群地游过来，一头扎进瀑布与丹江的激情浪花里，拼命地往瀑布上跳。但瀑布是它们的关口，它们跳不上去，一个个跌下来。因此，瀑布底下鱼很多，晕而巴腾的，很好逮。

土沃鱼丰。这样，瀑布旁边就有了一个村子，叫鱼关。

丹江口水库修成了，瀑布淹没了，鱼已无关。但鱼关村还在，且人丁兴盛，2008 年时，全村丁口已繁衍到近 900 人。

南水北调中线工程启动后，丹江口水库大坝加高至 176.6 米，蓄水位提升 13 米。鱼关村也要被淹没了。

按照长江水利委员会的核定，鱼关村要搬迁 189 户、789 人。安置地在 400 里外的唐河县王集乡。

鱼关村的党支部书记是王文华，小名牛子。

王文华一脸憨厚，不是个能踢善咬的人。但他干工作一身牛劲，硬着脖子，拽断南山。

王老头，70 多岁了，是村里出名的犟筋，从出生到现在，没离开过鱼关村，一说搬迁，他就老泪纵横，谁去劝说都咬死两个字：不走。王文华 7 次登门，老头又增加了三个字："说塌天，不走！"王文华不急，心里想，7 次不中，我说 10 次，10 次不中，我说 100 次，我的斧头再钝，也没有砍不倒的树。最后一次，他劝说到深夜，老头嫌烦，撵他走。王文华出来了，但他不走，蹲到老头门外。第二天早上老头打开院门，看见王文华背靠着他的大门在睡觉呢，一身霜花，冻得发抖。老头感动了，赶忙拉他起来，说："牛子啊！你何苦呢？我走！"

王文华在给移民做思想工作。

吴娇娥80多岁了，是一位"老支边"，九死一生从青海逃了回来，一听说搬迁，身上直打哆嗦。此次搬迁经过二十多次动员后，老人同意了。可是临走的头一天，老太太却突然变了卦。王文华吓了一跳，在这个节骨眼上，只要有一个人出现问题，就会影响全村乃至全镇的搬迁工作。他赶紧来到吴娇娥家。还没开口，老太太就堵住了他的嘴："牛子啊！搬出去难啊！还是在咱老家我放心啊！搬出去怕是吃不饱饭啊！"王文华"扑通"一声跪在了吴娇娥的面前，拍着胸脯说："大娘啊！搬出去如果让你老吃不饱饭，我牛子养活你，我当你的儿子，行不行？"老人颤抖着双手，扶起了这位60多岁的汉子。

鱼关村的搬迁还有一大难题，就是搬迁户的核定问题。按照长江水利委员会核定，鱼关村搬迁人口为189户789人，但村里现有210户830人。多出来21户、41人。因此，姑娘出嫁户口未迁走、人亡户口未注销等假户口、空户口必须取消，一家分成几家的必须合户。但是，抱着"多一个户口、多一个户头就可多分一份补贴"的心理，村民们谁也不愿注销户口、合并户头。

不会口若悬河的王文华，只能采取以身作则、带头示范的笨办法。

王文华有个女儿结婚时户口没迁走。他第一个把女儿的户口迁出了鱼关村。

2008年11月20日，他来到二姐家。"合霞已经出嫁，户口应该迁走，就迁了吧。"王文华劝说二姐。"户口没迁的多着哩，为啥非让我迁？""我是支书，你要理解我。""谁理解我呀！"二姐针锋相对。见二姐一时难以说通，他就来了个"先斩后奏"：私下到派出所将外甥女的户口迁了出去。二姐知道后，将王文华骂个狗血喷头。姐弟俩就此不再往来。

王文华一家是农村典型的4口之家。他有两个儿子，都已成家立业，20年前就分开了。他还有一个哑巴弟弟，已独居20余年。为实现210户向189户"浓缩"，2008年11月，王文华开始了合户：自己和哑巴弟弟跟二儿子合户，妻子和大儿子合户。他把自己一家4个户头合并成了两个。几十年前都分开家了，按政策他家也不该合户啊。结果一公布，全村无语。但自己家里闹翻天了：妻子气得背过气去，醒来又哭又骂；哑巴弟弟要拼命；儿子们把家具摔得砰砰嚓嚓。王文华说："你们得理解我，我是共产党员，我是支书啊！"妻子哭着说："一家人背亏就背到你是支书身上了哇……"大儿子也哭道："今后你当你的官，我们谁也不认识谁！"

王文华与妻子一辈子恩爱和睦，从没红过脸。但这次，他真是把妻子气着了。妻子从此总是心口疼，头疼。2009年7月5日，王文华又要去唐河县王集乡移民新村建设工地，临行的时候，妻子说："牛子啊！我这两天头疼得厉害，带我去县城医院看看，你再走吧？"王文华望着妻子憔悴的脸，一阵心疼，说："我这几天只顾在家招呼哩，已经 10 来天没去工地了。我去两天就回来，回来给你看病。"

可王文华在工地一待就是 13 天。为了让乡亲们住上又结实又漂亮的新房，他日夜守在那里，现在新村快完工了，越是扫尾工程，包工队越是容易马虎，他得看紧点。

2009 年 7 月 18 日，在唐河县王集乡移民新村建设工地上，王文华接完一个电话后，一下子瘫坐在了地上。妻子去世了。他坐在移民新村的工地上抱头大哭："你咋这么没福气呀！新家就要建好了，两层小洋楼啊，你还没来得及看一眼啊！"

一个月后，2009 年 8 月 20 日，早晨 5 点 30 分，鱼关人坐上了唐河县派来的 21 辆迎接移民的大客车。指挥长喊道："王文华！人上齐了吗？"王文华大声回答："齐了！"

"多少人？"

"789 人！"

"怎么？不是 788 人吗？"

王文华猛醒过来：原来长江水利委员会核定的是 789 人，现在，少了一人，是妻子。他刚才把妻子也算上了。

王文华"呜"一声哭了。他重重地跪在地上。不远处的山坡上，埋着他的妻子，坟上的花圈和白幡还在不舍地颤动；坟前有一个纸糊的两层小洋楼，是他照着唐河移民新村新房的样子糊的。

唐河县王集乡的移民新村仍叫鱼关。但这里没有水，没有山，没有瀑布，没有鱼，没有鱼关。王文华仍然是村里的支书，他经常会到吴娇娥和王老头家里去坐坐，问问生活上有什么难处没有？水管堵不堵？电灯亮不亮？电视信号好不好？他仍然坚信，一个共产党员，一个干部，最重要的是以身作则，他知道自己没多大能耐，但一生工作还算顺利，南水北调大移民那样艰难的大阵仗，他也走在了全县

2015 年 3 月，王文华回到老家鱼关村，他在移民丰碑上找到了自己的名字。

的前边，靠什么？靠的是以身作则啊！当然，最难的也是以身作则，最吃亏的也是以身作则，在很多时候，以身作则，就意味着牺牲，比如自己……

王文华站在新村宽阔的马路边，依依西望。他已在唐河县王集乡生活 6 年了，但他还时不时地往来路上看，看过来的汽车，看汽车上走下来的人。

他在等一个人。等他的妻子。妻子还在老家鱼关。

10　马有志：让生命化作阳光

淅川县委机关党委副书记马有志，有严重的肾病，脸色灰黄，浑身无力，走百来几十米就要停下来歇一歇，扶着树"呼呼"地喘一会儿气。就是为此吧，这次南水北调大移民，上级没有分配给他任务，想让他歇一歇。但他知道，移民是天下第一难事，好好的家园，人家在那里生活了几辈子、几十辈子，现在说搬就把人家搬了，这是要拼命的事呀！世界移民史上不乏这样的悲剧，中国移民史上也不乏这样的悲剧。当然，现在党的政策好，以民为本，和谐搬迁，不会出现特别严重的情况。但有些移民的抵触情绪还是很大的，已经出现少数人围堵乡政府的事了。马有志坐不住，他想到了向阳村，他担心向阳村也会出事，一出事，乡亲们就要受损失啊！

于是，他找县委书记去了，找移民指挥部常务副指挥长宋超去了。他要参加移民大会战，他要回向阳村。他认为自己是做向阳村移民工作最合适的人选。

正好，上级也正在为向阳村的事犯愁呢。向阳村在马蹬镇丹江码头边上，百姓富得流油，搬迁抵触情绪大，人员复杂，工作难做，物色来物色去，找不到一个合适的人选。宋超看马有志坚决而又急切的样子，犹豫了一下，问："身体受得了？"马有志拍胸脯回答："受得了！"宋超一颗心"扑通"落了地，开会研究后，任命马有志为向阳村移民工作队队长。时间是 2009 年 10 月，淅川第一批移民工作刚刚启动。

马有志的自信是有根据的。1993 年，马有志任马蹬镇党委秘书，到向阳村去包队。那时的向阳村破败萧条，还承担着各种税收和提留款，有些人穷得揭不开锅。马有志进村后逐户调查摸底，写出了 20 多页的调查报告，上报县领导。县里非常重视，研究后将向阳村的特产税减免 80%。

马有志并不以此为满足，他要让乡亲们真正富起来。第二年，他走遍库区的沟沟汊汊，对各处的土质、气候、植物生长特性进行详细调研。1994 年 9 月 24 日，他夜宿曹湾村，熬了一个通宵，给县委、县政府写了一个报告——《应把花椒作为我县新的支柱产业着力培育》，特别是调研报告中"每户栽上 50 株，全家多出一头猪"成为库区推广花椒的"广告词"。淅川县委县政府采纳了他的意见，在全县大力推广花椒种植，种植面积达 30 万亩，库区村民每年增收近亿元，使淅川花椒名扬海内外。

1999 年，马有志担任淅川县农业局副局长，提出建立丹江湖桑带，使淅川成为蚕桑产业大县，被国家确定为"东桑西移"项目基地。这一项又为当地农民增加了数千万元的收入。

……

淅川人都知道马有志，淅川人都感谢马有志，向阳村人都信任马有志。

马有志一进村，向阳村的人都奔走相告：马有志回来了！

向阳村的人知道，他们富得流油，但他们兜里的钱，大都是马有志带给他们的。

向阳村这次要外迁到 300 里外的社旗县。

那天，马有志让司机把他送到向阳村，离村一里多地就让司机停车，他步行走进向阳村。从此，他就住在向阳村里，白天黑夜走家串户，与村民促膝谈心，听民意，摸民情；讲移民政策，谈搬迁后的前景；为移民排解忧愁，替移民解决困难。每天天不亮他就开始工作，夜深了他的小屋里还亮着灯光。最忙的一天他召开了 8 次党员小组会。"只有落后的干部，没有落后的群众；只有落后的工作，没有落后的事情。""凡是移民的事，就是我们干部自己的事，我们都要当成自己

马有志在丹江口库区植树。

的事来办。""移民是大事，是难事。越难，越要让老百姓感受到党的温暖。"马有志在党员小组会上说。

2010 年 2 月 1 日，腊月十八，北风呼啸，雪糁子打得脸疼。马有志用自己的钱买了米、面、油、肉、被褥，用一辆破旧的自行车驮着，赶了七八里山路来到周玉芳老人家。周玉芳老伴患癌症去世，唯一的儿子又因车祸身亡。老人家 60 多岁了，形影相吊，眼看就过小年了，一个人坐在冰冷的破屋里默默垂泪。突然门被推开了，踉跄进一个雪人。老人一看，是马有志。马有志说："大嫂，快二十三了，我来看看你。"他放下东西，又掏出 200 元钱塞到老人手里。周玉芳

愣愣地站着，好像在做梦，她不相信不沾亲不带故的马队长会夜里冒雪来看她。马有志在周玉芳屋里看了一遍，四处漏风，有雪花从房顶飘下来。他说："大嫂，你再艰苦几天。咱们社旗移民新村的房子快建好了，一色的小洋楼，又宽敞又漂亮，比城里人都强。"周玉芳说："娃儿，你说的话我信。"

马有志将带来的两床被褥给老人铺好，让老人把手伸进被窝里，问："大嫂，你试试，看暖和不暖和？"老人试了试，笑得合不拢嘴，说："暖和，暖和！"

马有志要走了。老人手拉着他不丢，眼里打着泪花。马有志说："大嫂，以后我经常来看你。"

周玉芳松了手，说："娃儿，我信你的话。"

马有志走了。从此他再没有回来。

在整个大移民中，向阳村搬迁很顺利，而且是全镇第一批大规模搬迁首个递交搬迁申请的村子。2010年4月15日，社旗的移民新村快竣工了。马有志与在社旗监工的向阳村支书通了电话，第二天他要回马蹬向阳村去，就搬迁方案再征求一下乡亲们的意见，不能让乡亲们事后落遗憾。司机马振卫看他这几天脸色不好，第二天上车时腿抬了半天才迈进车里，就劝他说："马书记，你先到医院看一下再走吧！"马有志有些生气，催道："没事！没事！赶快走！"

马振卫不敢再劝。马有志工作起来不知道累，不知道饿，为劝他休息，马振卫没少吃崩子。

汽车出城不远，马有志突然头一歪，倒下了。

马振卫掉转车头就往县城开。

马有志昏迷不醒。经过医生抢救，他醒过来了，给妻子打了一个电话，说："我是移民的儿子，我为移民走了。我走后不要惦记我。"

之后又昏迷过去，再也没有醒来。

2010 年 4 月 16 日晚 9 点 39 分，马有志停止了呼吸，年仅 52 岁。

周玉芳老人那天夜里一夜没睡着觉，心急火燎的，不知道是怎么回事。第二天中午做好饭的时候，她听到了马有志去世的消息。那天她做的是米饭，马有志送给她的米。她没有吃，坐到地上一直哭。

淅川县委机关党委副书记马有志牺牲了，向阳村移民工作队队长马有志牺牲了，共产党员马有志牺牲了。他牺牲在淅川大移民的路上。如果把共产党比作太阳的话，那么，每一个共产党员，就应该是一缕阳光。马有志把自己的生命化作了一缕阳光，这缕阳光照亮了丹江岸边的向阳村，向阳村里阳光灿烂。

淅川县城一处简陋的平房，是马有志的家。堂屋的后墙处，摆着马有志的遗像，遗像下面，放着厚厚的 6 册文稿。文稿封面上有 4 个大字："赤子之心"。妻子杜丽曼哽咽着说，那是丈夫一生执政为民的足迹和心迹，也许他预感到了什么，趁回县里处理机关事务的时间，连续熬夜把自己写的关于库区经济发展的建议、多年来写的文稿、笔记，分门别类装订成册。打开封面，扉页上工工整整地抄录着艾青的诗句："为什么我的眼里常含泪水？因为我对这土地爱得深沉……"第一面是自序，自序中说："我对大地母亲、移民乡亲，是有着一片赤子之情的……"

两个月后，2010 年 6 月 17 日，淅川县第一批大规模移民开始，向阳村 441 户、1871 人，顺利搬迁到了社旗县大冯营镇。他们的村名仍叫向阳村。马有志的名字铭记在他们的心里，像一缕阳光那样永恒。因为有了这缕阳光，切换到社旗县的向阳村依然向阳，依然阳光灿烂。

11 王玉荣：为了那一声婴啼

2010 年 8 月 9 日凌晨 4 点钟，舞动喧哗了一天的古荥阳，正沉浸在深度睡眠里，大街上肃穆静寂，有微风，是它睡眠中轻轻的呼吸。索河西路市人民医院大门外，一字排开 28 辆救护车，一个个白衣人，在车前车后缥缈着，像古荥沉睡中的梦影。一位精干的短发女子，害怕惊醒古荥美梦似的，在压低声音指挥着，她是荥阳市卫生局局长王玉荣。明天，2010 年 8 月 10 日，是南阳市淅川县上集镇竹园村和李山村 472 户、1932 名移民往荥阳搬迁的日子，荥阳到南阳 280 公里，南阳到淅川上集 110 公里，近 400 公里的路程，他们必须起早赶路。

王玉荣带领的是迎接这批移民的医疗卫生保障服务队。就在他们集结的时候，荥阳市委、市政府的主要领导，还有公安部门抽调的 80 余人的安全保障大队，已经出发了。

为了万无一失，郑州指挥中心安排了配有急救通信设备的指挥车，车载抢救设备和充足药品，每辆急救车配救护医生 2 名，手持对讲机 1 部，与急救指挥车随时联系。

4 点 20 分，他们出发了。一路上，他们看到了车头上挂着"欢迎移民"标语的大客车，一共 56 辆；看到了转运移民家具物资的大货车，126 辆……真是浩浩荡荡，像打仗一样，一下子激起人满腔热血——自己也是这浩浩荡荡中的一员啊！

整装待发的搬迁车队。

下午 1 点 30 分，车到淅川。王玉荣命令每辆车的司机，重新将救护车检修一遍，保证万无一失；命令救护人员将救护设备检查一遍，所带药物器械不全的，要在淅川配齐。然后，命令他们抓紧休息，不要乱跑，因为明天还要起早。而她自己，要抓紧与淅川县卫生局和当地卫生院进行对接，逐一核对需要救助的 37 名病残移民身体状况，需要配备什么样的医生，需要携带什么样的药物，需要乘坐哪辆救护车……夜里 10 点，召开全体会议，通报每个特殊移民情况，分配所乘车辆，严厉要求：每一辆救护车上的人员，必须保证把特殊移民安全地送到他们荥阳的新家。散会时看看表，已经夜里 12 点多了。

2010 年 8 月 10 日，又是凌晨 4 点，淅川的夜弥漫着浓浓的丹江的水汽，夜空里有鸥鸟飞过的叫声。突然间，数百辆汽车轰鸣起来，出发，向着 10 里外的竹园村和李山村出发。

竹园村，一夜无眠的小媳妇李娜也已早早起来。她挺着个大肚子，在村里晃来晃去。她激动，这就要到一个陌生的新家去了，好新鲜，就像那年结婚到婆家一样；她忧伤，老家没有了，跟妈妈见面没那么容易了，不知道今后一年能不能见到一次；她焦急，大家都在装车搬东西，可是自己弯不下腰，插不上手……

淅川县卫生局有关同志给王玉荣特别介绍了两个病人，请王玉荣在路上特别注意。一个是李瑞风老婆婆，70 多岁了，有严重的哮喘病，这么热的天，坐在屋里都受不了，一路奔波，别叫有啥闪失。另一个就是小媳妇李娜，前天给她检查了，预产期还有 4 天，坐车一颠簸，怕早产。王玉荣刚才看了李瑞风婆婆，老人家病情确实很严重，脖子像用绳勒住了，眼睛憋得鼓着。王玉荣走到李娜跟前，喊了一声："李娜！"淅川的同志连忙介绍："李娜，这是荥阳市卫生局的王局长。"王玉荣说："李娜，我们带着救护车接你来了。"李娜用手捂着肚子，很难为情地说："真对不起，我给国家添麻烦了。"王玉荣说："不是你给国家添麻烦，是你给国家作贡献了。你看，身子这么不方便，还要搬迁。国家感谢你啊！"李娜眼圈红红的，说："我没觉得是给国家作贡献，只觉着给国家添麻烦了。"王玉荣看李娜很大方，脸庞红润，身体状况良好，就说："我随李瑞风老人走吧。"

一路上，李瑞风都在吸氧。她躺在担架床上，吃力地呼吸着。王玉荣拉着她的手，安慰着。突然，对讲机响了，是李娜乘坐的 18 号救护车。朱医生报告："王局长，孕妇反应强烈！"

"上车时不是情况良好吗？"

"可能是情绪波动太大影响的了，上车时她哭得厉害。"

"可以继续前进吗？"

"可以，估计暂时不会有问题。"

"好，密切观察和掌握情况，及时汇报。我给郑州指挥中心报告，请求打开绿色通道。"

给郑州指挥中心打完电话，王玉荣又给市委领导打电话，请求公安局的安全保障大队派警车开道。

车过镇平以后，拉着李娜的 18 号救护车，跑到了车队的最前边，一路鸣着警笛，在许平南高速公路上飞驶。每一个收费站，在 100 米外听见警笛声，即抬杆，清道，放行。

李瑞风老人剧烈地咳嗽起来。王玉荣把她的身子扶起来，让她躺

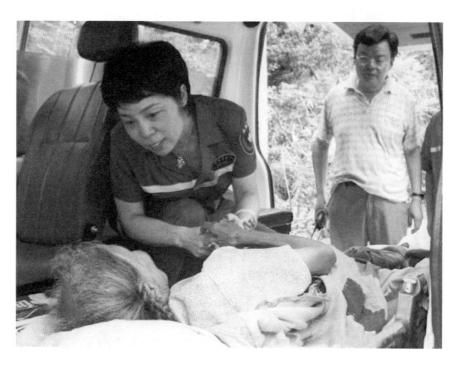

王玉荣在救护车上照顾李瑞风老人。

在自己怀里。

"喂！朱医生，孕妇怎么样？"

"疼得厉害，一头汗。"

"好好安慰她，分散她的注意力。"

"我们正在给她唱歌哩，李娜的《青藏高原》，孕妇直笑。"

"她也叫李娜。再逗逗她。"

李瑞风老人平稳了，想喝水。王玉荣喂她水喝。

"喂！朱医生，你们车到哪儿啦？"

"过襄县了。"

"孕妇什么情况？"

"羊水破了。"

王玉荣又给郑州指挥中心打电话，孕妇随时可能临产，请求协调沿途各县市医院，准备好医护人员，一旦临产，无法再前行，即随时下路，入院生产。但她又给朱医生打电话交代："朱医生，照顾好李娜！大人孩子咱都要让他们安全地到达荥阳新家，这是政治任务！出了问题，你我都担待不起！"

朱医生说："王局长，你放心，我们会尽力的。这女子很坚

新家到了，竹园村移民正在下车。

强，很配合。"

王玉荣说："我相信你们。请你让李娜接电话。喂，李娜，你是个好姑娘。坚持住，到咱家再生，生一个土生土长的荥阳人！"

李娜颤抖着叫了一声："王局长，我能坚持，我一定坚持！"

李瑞风老人又咳嗽起来。王玉荣扶她坐起，喂她喝水。

下午3点20分，移民车队到了荥阳市王村镇移民新村。李瑞风老人被担架抬了下来。李瑞风坐在自家洁净的乳黄色院墙前，右手拉着王玉荣的手，左手轻轻地捶着王玉荣的后腰，说："到家啦，闺女，让我给你捶捶腰，别把你累着了，快坐下歇一歇……"

但王玉荣没有坐下，她说："大娘，我还得赶紧进城。李娜快生了，我得去招呼一下。"

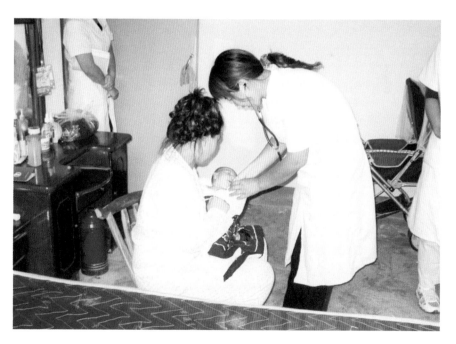

医务人员为小荥生检查身体。

老太太说："李娜是个有福媳妇，不早不晚这个时候产，生下来肯定是个贵子。"

2010 年 8 月 10 日夜里 11 点 57 分，李娜在荥阳市中医院产下一男婴，重 7.5 斤，虎头虎脑，啼声嘹亮，丹江男子汉气十足。但他是搬迁到荥阳的数千移民中，第一个在荥阳出生的人，算是土生土长的荥阳人。

李娜给孩子取名叫荥生。他姓周，周荥生。

王玉荣听到周荥生的第一声啼哭时，似乎没什么反应，因为像山一样的疲劳一下子压了下来，浑身酸软，意识模糊。她已经两天两夜没有睡觉，也没吃过饱饭了。

12 搬迁扫描：送别时的感动

南阳人真的是把大移民当作仗来打的。两年时间集中搬迁了 193 个批次，等于是进行了 193 次战斗。每次战斗都惊心动魄，每次战斗都叫人撕心裂肺。

搬迁时间大都集中在 6、7、8 三个月，这是上级的精心考虑：为了不耽误孩子秋季上学和移民种秋。

2011 年 8 月，是移民高潮，要完成剩下 52 个批次、50548 人搬迁任务，最多一天搬迁 5 个批次 5345 人，这是世界移民之最。淅川县召开了决战 8 月誓师大会。会议提出，移民搬迁已经进入最关键、最紧张、最严峻的时刻，大决战已经到来，全县上下必须严守工作岗位、严格执行指令、严密组织搬迁，全力以赴决战 8 月。各移民乡镇、各服务部门在会上表态发言，递交决心书，各工作组向指挥部递交请战书。指挥长在会上下达命令：移民搬迁期间，分包移民乡镇的县四大班子领导、各移民乡镇全体人员、县移民指挥部、服务移民工作的相关部门工作人员，一律不得请假，取消节假日和星期天，县乡指挥部实行 24 小时值班和日报告制度，所有参战人员通信工具保证 24 小时畅通。誓师大会上，所有参加移民工作的人员整装列队，昂首挺胸，高唱《义勇军进行曲》。各乡镇、局委领导依次出列，向指挥长行军礼；指挥长向他们授旗，还礼；乡镇、局委领导双手接旗，向后转，正步走，站回自己队伍前面。空气凝固了。每一个人脸上的肌肉都绷得很紧，是冲锋陷阵前的悲壮。不少人给亲人发了短信：

> "现在是特殊时期，什么事都可能发生。照看好我们的孩子。我爱你！"

> "我正在搬迁第一线。战旗火红。每个人都把生命交出去了。为我骄傲，别为我伤心。"

> "没参过军，没打过仗。很紧张，很兴奋。有献身的冲动，为大移民献身。"

> ……

＊　　　　　＊　　　　　＊

8月，三伏天，气温经常40℃，湿热难耐。大城市里，一些企事业单位歇业放假，一些露天作业的工地开始夜晚和清晨作业，白天休息。而丹江岸边，战斗正烈。

8月14日，盛湾镇贾湾村1700名移民搬迁。240多辆大货车在村里穿梭，50多辆大客车停在临时停车场上。另有工作用车50辆，救护车10辆。送行的亲戚朋友、围观的附近百姓、收购砖瓦的、捡拾废品的……闹如街市。警察在维持秩序，扯拉警戒线；应急队员们在要道口集结；交通服务队员在维护道路；医护人员抬着担架在奔跑；其他人员，包括乡镇长们、移民工作队长们，都在帮助移民抬家具、背粮食、装车、搀扶老人……突然卷起一阵热风，万里晴空乌云密布，瓢泼大雨如丹江倒扣。移民们坐进了客车，亲朋和围观的人们都四散躲雨。而现场500多名移民干部，没一个躲雨的，他们在给移民的家具盖塑料布，他们爬到车上死死抓着

马蹬镇曹湾村一移民带着狗离开老家。王洪连 摄

大衣柜、席梦思垫不让大风刮跑。

　　暴雨突然停了，依然万里无云，太阳比雨前更毒辣，大地里的雨水被阳光蒸腾出来，空气比雨前更湿热。气温已超过41℃。

　　临时修的土路被大雨冲坏了，停车场也被冲坏了。盛湾镇党委书记陈太良、镇长聂俊义，卷着裤腿，杵着泥巴，指挥着修路，指挥着往外拖车。许多县乡干部光着脊梁往外推车，浑身都是泥巴。不断有人中暑晕倒。在一线坐镇指挥的县卫生局负责同志命令把所有的救护车空调打开，把中暑的移民抬到车上救治。大批医务人员抬着担架在方圆四五里的贾湾村奔跑。跑着跑着，医务人员也一个接一个晕倒了。但为了保障移民，医务人员坚持不上救护车，只用井水降温，醒来后喝藿香正气水。那天晕倒的人太多，全县的救护车都来了。在场

的医护人员只有一个念头就是，移民把家舍了，不能再叫他们把命丢了。所以，只能牺牲自己。

那天，中暑晕倒的移民干部共 44 人。

而他们整整苦拼了 9 天 9 夜，才将 240 多辆货车和 50 多辆客车、10 辆救护车从泥泞的山沟里连推带拖弄出来。1700 名移民，无一伤损，全部安全地抵达新家。

陈太良不愿谈那次搬迁。说，一谈就想哭。"我觉得，对移民，感情是主要的，方法是次要的。"说着，他的眼泪就出来了。

*   *   *

2011 年 5 月 5 日，淅川第二批大规模移民启动仪式在大石桥乡西岭村举行。数十辆大货车和大巴车头天晚上已集结在淅川县城。凌晨 4 点，各种车辆做最后的安全检查。5 点，常务副指挥长宋超一声令下，寂静的淅川县城突然轰鸣如雷，长长的车队朝着丹江岸边的西岭村出发了。

西岭村现场，彩旗飘扬，充气拱门像一道彩虹，高空气球挂着大标语从蓝天上垂下。舞台上的现代化音响里播送着激昂的歌曲："五星红旗迎风飘扬，胜利歌声多么嘹亮。歌唱我们亲爱的祖国，从今走向繁荣富强！""向前向前

不忍离去，躲在墙角垂泪的老太太。

向前！我们的队伍向太阳！"锣鼓队、秧歌队和县剧团在表演节目。国务院南水北调办公室副主任蒋旭光、河南省委农村工作领导小组副组长何东成、河南省移民办和南水北调办公室主任王树山以及南阳市有关领导已经早早等在那里。9点，车队到达。欢送仪式开始。鸣炮奏乐。省市领导给移民戴红花。各级领导致辞和发言。淅川县领导向移民代表赠送丹江水和故乡土。这时，会场里传来几声啜泣。

10点整，欢送仪式结束，西岭村147户、693人，坐上了21辆客车。鞭炮炸响，锣鼓齐鸣，车队出发。11点14分，车队进入淅川县城。此时的淅川县城，已是万人空巷，没人组织，男女老少，聚集在道路两旁，一直排了十几里长。他们都想送一送他们，虽然互不相识，但他们吃过他们逮的鱼，吃过他们种的橘，吃过他们种的菜，啃过他们种的老玉米，坐过他们撑的船，听过他们唱的丹江曲……车队开过来了。车上的人首先看到的是一条一条的过街联，过街联上写着：

"搬得出，稳得住，能发展，可致富！"

"一湖清水送北京，

淅川县居民夹道欢送搬迁移民。

淅川移民献真情！"

"您走到哪里，都在祖国的怀抱！"

"淅川，是您永远的家！"

然后，他们看到了一街两行长长的、密匝匝的人群。响起掌声，但不热烈。越来越稀。车队驶到跟前的时候，掌声干脆就停了，伸出丛林一般的胳臂，摇曳着。一位老太太从车窗里探出头来，喊一声："亲人们啊……"一声喊，把本来就沉重的心揪疼了。车下一哭，车上也哭了。坐在车上送行的移民干部也哭起来。移民干部一哭，移民们哭得更痛了。在过去的几个月里，他们骂过干部们，打过干部们，堵过他们的车，围过他们的办公室。现在，他们心里多少歉意、多少委屈、多少不舍，在这分别的一刻，只有用泪水来表达。他们哭成一团，泪水把隔阂消融了，消融成亲情。党和人民，公仆与百姓，在大移民的日子里，甘苦与共，血肉相融。

＊　　　　　＊　　　　　＊

仓房镇的胡坡村，是一个狭长的半岛，像大山的一只手臂，伸进丹江口水库里，碧水在她的四周涌溅，涌溅成一只银白色的花环。

民警与帮扶队员在搬迁现场吃饭。

2011 年 6 月 9 日，宁静美丽的胡坡村迎来了搬迁日。那天风浪很大，就好像这只手臂在水里剧烈地拍打，水库里波涛汹涌。半岛上山路崎岖，最窄处只有两米，搬迁的汽车无法开进来。指挥部在距离胡坡村 10 公里远的地方建立了临时停车场。胡坡村移民们的家具、粮食，都要靠肩扛手推搬运到停车场装车。县里组织了 300 多名帮扶队员，帮助他们装车。气温 40℃，不断有帮扶队员晕倒。晕倒后喝两支藿香正气水继续扛粮、装车。那天藿香正气水喝了十几箱。

可是，老天仍然不舍，用它惯用的手段来阻止移民离去。电闪雷鸣，大雨倾盆。县乡领导和工作队员急忙为移民遮盖家具、粮食，搀扶老弱移民进帐篷避雨。

第二天凌晨 3 点半，高音喇叭里响起了《开门红》欢乐的歌声。离别故土的时间到了。一夜没合眼的移民们起床，默默地收拾随身的衣物。停车场上县长和县里镇里的领导来送行。简短的欢送仪式后，开始登车。新乡市派来了 18 辆大客车。还有 6 辆救护车，插在客车中间。由于昨天暴雨，搬迁车队要绕道湖北。经过湖北石鼓镇时，路两旁有许多大树昨天被风刮倒，横在路上。移民干部毫不犹豫，拿出自己的钱，以每棵树 100 元、200 元的价格赔给了当地村民，将树锯倒，移开。18 公里的路走了两个小时。上午 6 点 40 分，车队到了丹江口水库石桥码头，载着移民的客车开上渡船。一声长长的汽笛，在丹库湖面上回荡。起锚，船头激起巨大的浪花，渡船剧烈地晃荡。数百移民工作队员手拉手站在船舷边，为移民扎起一道围墙。有队员晕船，在呕吐。8 点零 5 分，渡船横穿丹江口水库，到达东岸码头。

东岸码头上，新乡市辉县市前来接移民的工作人员早已在等候，移民一下车，他们把准备好的热腾腾的早餐送到了移民手中。

胡坡村这次搬迁的地方，是新乡市辉县市常村镇，新村仍叫胡坡，与老家胡坡相距 500 多公里。

2011 年 6 月 10 日下午 6 点多，经过 640 公里的跋涉，166 户、

665 名移民抵达辉县市常村镇胡坡移民新村。166 户，166 座两层小洋楼，每层三室一厅，独立小院。院外大门上，贴着鲜红的对联。门前有树，有花草。辉县给每一家都配了包户干部，

辉县市常村镇在迎接胡坡村移民。

移民一下车，包户干部就热情地迎上来，领着他们走进新家。新家的卫生间里，放着崭新的毛巾，刚打开的肥皂盒。洗漱完毕，热菜热饭已摆上了桌。原来辉县还为每家配备了一名炊事员，保证他们到家即有饭吃。看看宽敞的厨房，洁净的灶台上放着电饭锅，旁边放了一袋大米、一袋面、一壶花生油、几包挂面、几样蔬菜，这是怕移民们刚到新家人生地不熟，特意准备的一周的食品。客厅里装了一部电话，并预存了话费。每间卧室里，配了一张新床，床头有一台电扇。

但是，就是这样无微不至，仓房镇党委书记黄长林还不放心。他亲自把乡亲们送到了辉县，离开辉县的时候，他拉着当地领导的手，一遍又一遍地嘱托："乡亲们初来乍到，生活习俗、生产方式、生活习惯与原来都不一样，肯定有很多不适应的地方，希望辉县各级党委、政府对他们高看一眼，厚爱一分，让他们能发展、快致富……"说着说着，他的眼眶就红了，好像移民们是他嫁到远方的闺女，他割舍不下，放心不下……

13 新世纪特写：市长给咱来拜年

　　2011 年 1 月 31 日，是农历腊月二十八。"二十八，贴花花"，许多人家都已经把过年的对联贴上了，小孩儿们零星的鞭炮已经炸响。这是新世纪淅川移民在新家园的第一个春节。姚家湾，200 里外丹江边的一个山村，5 个月前，才搬迁到南阳宛城区的红泥湾镇，村名还叫姚家湾，以便盛放村人的乡思。全村 187 户，699 人。由于居住集中了，人口密集了，南阳姚家湾的年味，好像比丹江姚家湾的年味更浓一些。当然，少年不知愁滋味，年轻人是这

2009 年 8 月 21 日，时任南阳市市长穆为民（左一）在唐河县王集乡鱼关村看望移民。

移民新生活。

样；而年纪大一点的人，总忍不住一丝忧伤，一丝沉重，时不时发一会儿呆。他们觉得像做梦一般，生活有点不真实，本来应该望着丹江过春节的，怎么忽然跑到几百里外来了？鱼呀，虾呀，鸡呀，鸭呀，野兔啊，山鸡啊，饺子馅啊，包豆包馍的豆馅啊……往年亲戚好友间都会互相送一送，互通有无。可是现在，亲戚好友都见不着面了。在淅川的时候，到县城办一次年货，走一路打一路招呼，非亲即故，都是熟人啊！可现在，跑一趟县城，谁理你呢？

所以，姚家湾人虽然六七百人聚居到了一起，但仍然有一种"独在异乡为异客"的孤独感。

就在二十八这一天，打算再到县城赶一趟年集的人还没启程，就从省道上驶来几辆小轿车。小车在移民新村宽敞的街道上悄然停住，从车里钻出一群人。为首的戴一副近视眼镜，有些斯文，很像学校里的老师，但他不是老师，很多人都认出来了，他是市长穆为民！在电视里经常见，但真人还没见过，现在突然来到了面前，就像从电视里走出来的一样，让人觉得既激动又梦幻。很快，全村人都知道了，市长来了！人们扔下正刮的鱼、正择的鸡，甩着水淋淋的两只手就跑出来了。他们围住了市长。穆为民扶扶眼镜，说："乡亲们，我们来给大家拜年来了！大家年货都办齐了吗？"大家齐声回答："办齐了！"穆为民又问："对现在的生活大家满意不满意？"大家又齐声回答："满意！"穆为民笑了，他扶扶眼镜，把乡亲们望了一遍，诚恳地说道："乡亲们有什么困难，给政府说啊！"一股暖意涌上心头，大家的鼻子有些发酸。刘秀林一下子拉住穆为民的手说："谢谢穆市长，您那么忙还来看我们。我们什么也不缺，年货都办齐了。前两天县里、乡里给我们送来了米、面、油、肉、对联、鞭炮。这是我们姚家湾人年货最丰富、最幸福的一个新年，今天您又亲自来看望我们，我们知足了……"穆为民挨家挨户地拜年，查看各家年货的准备情况，祝大家新年愉快，阖家幸福。当看到多玉娥家买了20台缝纫机办起了小型服装厂时，穆为民特别高兴，说：她是移民里的能人，要发挥能人作用，带动更多的移民乡亲尽快富起来。

这是无数特写中的一个。那一年春节，南阳市的四大班子领导，全体出动，带着慰问品，带着党和政府的关怀，带着1300万南阳人民的祝福，将市内、市外的移民村慰问个遍。16.5万移民，世代居住在偏僻的荒山沟里，他们中的许多人，一辈子没进过县城，一辈子没见过乡长，一辈子没吃过自来水；但现在，市委书记、市长、人大常委会主任、政协主席，都亲自跑到他们家里来看望他们来了，来给他们拜年来了，来给他们送年货来了。最受感动的，是那些经历过20

世纪移民潮的老移民。那天晚上，他们带着感动与温暖沉沉睡去，却又做着噩梦猛然醒来。40年前的生死大移民，历历在目，成级数地放大着他们对新时期和谐移民的感动。

延 伸 阅 读

南水北调南阳大移民

南水北调中线工程南阳大移民从 2009 年 8 月 16 日试点移民开始，到 2011 年 8 月 25 日第二批大规模移民结束，历时 2 年零 9 天，分 193 个批次，共搬迁 16.54 万人。其中出县安置 14.61 万。出县安置分布在郑州、新乡、平顶山、许昌、漯河、南阳 6 个省辖市的 24 个县市区、135 个乡镇、698 个行政村，共建移民安置点 208 个，建房总面积 500 万平方米。南阳市内安置 10 万人，规划集中安置点 139 个，涉及 7 个县市区、65 个乡镇、5 个单位。其中安置在邓州市 3 万人、唐河县 2.04 万人、社旗县 1.32 万人、新野县 0.67 万人、宛城区 0.52 万人、卧龙区 0.52 万人，淅川县内安置 1.93 万人。

大移民搬迁期间，南阳共投入人力 110 多万人次，出动车辆 10 多万台次，维修道路 850 公里，架设供电线路 3753 千米，往返轮渡 638 艘次，转运移民物资 30 万吨。

南水北调大移民中牺牲的南阳干部

在南水北调中线工程大移民中，河南、湖北两省共牺牲党员干部18人，其中南阳市12人。南阳市的12人中，淅川县占10人，另有103人致伤致残，300人晕倒在搬迁第一线。

南阳市牺牲人员分别是：淅川县委机关党委副书记马有志，上集镇司法所副所长王玉敏，上集镇政府干部李春英、刘伍州，上集镇魏营村组长魏华峰，九重镇桦栎扒村党支部书记范恒雨，香花镇土门村组长马宝庆，香花镇白龙沟村组长陈新杰，香花镇柴沟村党支部书记武胜才，滔河乡政府干部金存泽，宛城区高庙乡东湾村党支部书记赵竹林，南阳电视台外宣部主任郭保庚。

大爱报国的榜样：泪别故土的移民们

2011 年 8 月 24 日，淅川县滔河乡张庄村移民拉着家具去停车场装汽车。

1 美丽的家园

从南阳市西行 120 公里，就到了淅川。群山连绵，并不险峻；满眼的绿，千褶百叠，像秦岭舞动的裙裾。她北偎河南，西依陕西，南抱荆襄，娇娇的，藏在深闺人不识。

其实她出身豪门，血统高贵。

丹江，古称丹水，在陕西商州的崇山峻岭中，奔放着斗牛士般的舞步，一路向东，在南阳西边 150 公里处，遇到了从北边走来的淅水女郎。他们在那里狂舞，舞出一片沃野，叫丹阳川，又叫淅川。然后，他们相拥着，跳起抒情的探戈，舞动汉江，翩旋入海。

他们相遇的地方，叫丹淅之会。丹淅之会有一座城，叫丹阳，民间百姓叫龙城。

丹阳或龙城，现在在丹江口水库水下，它曾经是一个国都，现在是东方的亚特兰蒂斯（传说中沉于水底的古城）。

《吕氏春秋·召类》说："尧战丹水以服南蛮。"另一部史书《六韬》说："尧伐有苗于丹水之浦。"这就是说，上古时期，淅川是苗蛮之地，到了尧舜时期，苗蛮不服中原地区民族的统治，中原地区民族的首领尧率兵征服了苗蛮。淅川的山山水水，钤印一般，踏遍了华夏祖先的足迹。尧禅位于舜，舜封尧子丹朱于淅川。丹朱的都城建在丹淅之会处，叫龙城。那时的丹水还不叫丹水，叫粉清江，是说江水的颜色是粉青色的，有点像碧玉的颜色。丹朱就经常撑着竹筏，在这碧玉带上漂荡。人们为了纪念尧子丹朱，就把江名改成了丹江，把丹朱的城叫作丹阳。

大约 1200 年后，文王伐纣。文王有个部下叫鬻熊，家住丹江上游（今陕西商南一带）。那里有楚山、楚水，有大荆川、小荆川，所以鬻熊被称为楚人。史籍上对鬻熊的信息记载很少，只有 6 字："鬻熊子事文王。"（《史记·楚世家》）就是说，鬻熊像儿子一样服侍周文王，可见他官职不高，却是周文王的近臣。鬻熊有个曾孙叫熊绎，周成王时候，"封熊绎于楚蛮，封以子男之田，姓芈氏，居丹阳"（《史记·楚世家》）。从此，秦楚争霸，中华历史在淅川回环了数百年。

强秦压楚，楚都不断南迁。始郢，后南漳、江陵、钟祥。但它们都是楚国的都城，都叫丹阳。而楚国的始都只有一个，那就是淅川的丹阳。国学大师钱穆在其《国史大纲》中说，楚之先亦颛顼之后，始起在汉水流域丹淅二水入汉水处，曰丹阳。1977 年冬，文物部门对淅川县仓房龙山岭上的 25 座春秋贵族墓和 5 个大型车马坑进行挖掘，出土了青铜鼎、乐器、车马器、兵器、石器、玉器、金箔等一万多件楚国文物。文物数量之多，规格之高，造型之精美，铭文之丰富，均为同类墓葬发掘所罕见。1992 年，河南省文物研究所又在龙山岭附近的徐家岭发现了 10 座春秋楚墓群，出土了青铜兽、楚庄王时箴尹克黄鼎等大批珍贵文物，曾震惊海内外，被评为中国当年十大考古发现之一。在下寺 2 号楚墓中，出土了子午鼎和王孙诰编钟、大型云纹铜禁、石排箫等。编钟是先秦时期的宫廷乐器，也是古代帝王权力的象征。王孙诰编钟共 26 枚甬钟，是目前我国出土的春秋时期数量最多、规模最大、音域最广、音色最好、制作最精良的编钟，它比著名的湖北随州曾侯乙编钟要早 100 多年。王孙诰编钟中最大的一个甬钟高 120.4 厘米，重 152.8 公斤。最可贵的是，每个甬钟上都有铭文，有"唯正月初吉丁亥，王孙诰择其吉金，自作和钟"、"阑阑如钟，用宴以喜，以示楚王嘉宾，及我父兄诸士"。说明这套编钟是由王孙诰制作以孝敬其父子庚的。史书记载，王子庚是楚庄王之子，也是楚

1978 年淅川县下寺出土的编钟（公元前 770—前 476 年）。现藏于河南博物院。

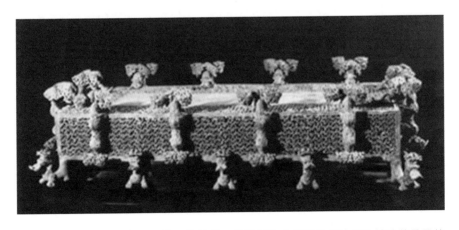

1978 年淅川县下寺出土的云纹铜禁，是我国迄今发现的用失蜡法铸造的最早的铜器。现藏于河南博物院。

庄王的令尹（宰相）。比王孙诰编钟更珍贵的是大型云纹铜禁。禁是古代的一种酒器座器，类似于现代的案几，出土很少，据说目前全国存世铜禁只有6件，而淅川出土的形体最大、装饰最为精美。2002年1月，国家文物局发布《首批禁止出国（境）展览文物目录》，规定64件文物永久不准出国（境）展览，淅川云纹铜禁即在其列。

2003年12月30日，南水北调中线工程开工，80多个考古发掘队来到淅川库区沿岸，对淹没区进行抢救性发掘，共发掘文物5万余件，再次震惊史学界和考古界。于是，寻找楚文明的目光，逐渐地在淅川聚焦，楚始都淅川丹阳说已成史学界共识。

《史记·楚世家》说："子文王熊赀立，始都郢。"从熊绎居丹，到楚文王熊赀徙都郢，历18世，300余年。也就是说，在楚国的800

移民们把一块刻着"南水北调功在当代利在千秋"字样的石头，装车带到千里外的新家。王洪连 摄

年历史中，前 300 年在淅川。是淅川，是丹江，最初孕育了楚文化。厚重的历史，孕育了淅川人厚重的文化品格，也孕育了淅川人对家乡深沉的爱；写满厚重历史的这块土地，是淅川人的骄傲和尊严。

可是，南水北调中线工程开工了，丹江口水库大坝加高了，养育了他们亿万年的丹水和淅水，将再次淹没他们的家园。2008 年 11 月，新世纪移民工程启动，又有 16 万多世代生活在丹江边的淅川人将离开家园，远迁他乡。从此，这块土地将不属于他们，割舍的不仅是肥沃的土地，美丽的山水，还有已经成为他们精神特质的那份骄傲与尊严。当然，迁居地也有历史名人，也有厚重历史，但那不属于他们。文化认知的撕裂，将使他们疼痛终生，疼痛数代。

但他们还是要迁，还是要义无反顾地离开。楚风汉韵，大气磅礴，养育出的毕竟不是不懂家国的小儿女。

2 杨有政：一个移民对副总理的承诺

2002 年 5 月 8 日上午，淅川县南王营村的杨有政去江边看他消落地里的油菜。刚走到村口，看见一行人从丹江船上走下来。其中一个人穿深蓝衣服，有些面熟。山里人见人亲，生人熟人见面都要打个招呼。杨有政就站着，等着那群人走过来。他突然想起来了，那个穿深蓝衣裳的人，不是电视里见过的温家宝副总理吗？是不是？不会吧？副总理咋会跑到咱这鬼不嬗蛋的地方？他正迷惑着，那人已快步走到他的跟前，拉住了他的手。

杨有政一下子惊醒过来：温副总理！是温副总理！温副总理来咱们南王营来啦！

温家宝副总理拉着杨有政的手，一直走到打麦场里，走着问着："家里几口人？""一天三顿饭都吃些什么？""平常喜欢吃米还是吃面？""养猪养羊没有？"杨有政看温家宝副总理没有一点儿官架子，问的都是柴米油盐家常话，就不紧张了。他告诉温家宝副总理：家里五口人；平时吃面，也吃米，米是用玉米换的；养了两头猪，50 只羊。副总理点着头，说，还要发展啊。突然问道："南水北调工程要上马，你们这个村子要搬迁，你知道这个事情吗？"杨有政回答："知道。""那你愿意不愿意搬？"杨有政已经搬过 3 次家了，一搬三年穷啊！搬怕了，再也不愿搬了。可是，他拉着副总理的手，望着副总理的微笑，幸福感，沉醉感，使他浑身发热。不能让副总理失望，不能让国家失望。他几乎没有思索，接口就回答说："只要国家需要我们搬，我们就搬！"温家宝副总理跟着问："那你对搬迁有什么愿望？"杨有政听说三峡移民的房子盖得不错，就说："只要新房子像三峡移民的那样就行。"温副总理笑了，说："将来社会发展了，你们的房子

2010 年 7 月 13 日，南王营村移民车队行至即将拆除的南水北调渠首老桥上。

一定会比三峡移民的房子好！"村上的人都跑来了，坐在麦场里跟副总理说话。差不多说了 40 分钟。身边就是亚洲第一大人工湖丹江口水库，能听见库水拍岸的声音，哗哗哗，像水库在笑。温家宝副总理拉着杨有政和哥哥杨有亭照了个合影，背景是笑着的丹江大水库。临别，杨有政紧紧拉着温副总理的手说："温（副）总理，到时候搬迁，我第一个搬！"

2010 年 7 月 13 日，南王营村从淅川香花镇搬到了邓州市。房

子都是两层小楼，内外粉刷得跟城市的楼房一样。那天下车一进屋，杨有政就发现厨房里米面油盐都准备好了，还有煤炉子、液化气；楼房宽敞明亮，厨房都是电气化，干净卫生；自来水就在厨房里，不像以前担水吃。学校、卫生所都在家门口，孩子们上学、老人看个病都很方便……杨有政又想起了8年前温总理给他说的话："将来社会发展了，你们的房子一定会比三峡移民的房子好。"温家宝总理的话兑现了。

当然，他对温总理的承诺也兑现了。搬迁时，他第一个跟乡里签订了搬迁协议书。2014年12月，南水北调中线工程通水了，76岁的杨有政老人特意来到干渠边，望着一渠北流的丹江水，像流着他悠悠的思绪。他在想，丹江水流到北京了，住在北京的温总理也一定喝上丹江水了，他还记得丹江岸边那个叫杨有政的老头子吗？他老了，不能为南水北调出力了；但他把自己的窝腾出来了，荡荡渠水里，会有一波浪涌，是从他老家的堂屋里流过来的……

3 何兆胜：一个移民对国家的忠诚

淅川县仓房镇的沿江村，只有 20 年村龄。这是丹江口水库西岸临水的一个荒山坡，住的都是从青海、湖北返迁回来的老移民，500多人，好像都是天外来客，无户籍也无村籍。老移民何兆胜说："俺们这些人，是中国人，又不像中国人。"1993 年，政府才将这些返迁人员纳入户籍，将这一片"棚户区"起名叫沿江村。

南水北调中线工程上马后，丹江口水库大坝加高，沿江村这片山坡又要淹掉了。这一辈子真是搬迁的命！搬穷了，搬怕了！改革开放这么多年，山上的树养大了，山坡上的地喂肥了，日子过富了，可是又要搬了。村里人都惆怅得吃不下饭。

可是有一个人不惆怅，他乐呵呵的，像遇到了大喜事。他叫何兆胜。

"这都是为了国家。哪有个人小利益不服从国家大利益的？一个小老百姓，为国家作贡献的机会不多！"

他是把搬迁当作为国家作贡献的机会。他反而担心自己赶不上这个机会。"我老了，可能撑不到搬家的时候了。"他忧伤地说。

他是有点急。老了，76 岁了，身体不好。耳朵背；肺心病，说一句话咳嗽半天；腿不好使。他催着儿女们赶快卖树，卖渔船，卖网箱，卖三轮车，响应国家号召，轻装搬迁。儿女们都笑他说，俺爹比共产党员还共产党员！

搬迁的日子到了。上级的通知已经下来，2011 年 6 月 26 日，沿江村要搬迁到 1000 多里外的辉县常村镇。6 月 24 日，村里的高音喇叭响了，说副省长刘满仓要来沿江村看望大家。何兆胜耳朵背，走得又慢，拄着双拐，早早地就往广场里走。他坐到了第一排，能听清副省长讲话。3 个小时以后，刘满仓副省长来了。他看见了何兆胜，便

何兆胜在女儿陪伴下来到搬迁现场。王海欣 摄

停在了何兆胜跟前，弯下腰问："老人家，你搬家情愿不情愿？"何兆胜大声回答："情愿！情愿！"刘副省长又问："对这次搬迁政策满意不满意？"何兆胜大声说："满意！我上过青海，下过荆门，还是这次搬迁的政策最到位！"他有些激动，想扶着双拐站起来。刘副省长按住了他。何兆胜扭头朝着人群喊了一声："感谢共产党！"刘满仓高兴地鼓起掌来，后边的人群也都跟着鼓掌。

唯一让何兆胜遗憾的是老伴。老伴郭福琴几年前就去世了。一家十来口都迁走了，千里之外，扔下老伴一个人。老伴的坟在山坡高处，172 米红线以上，淹不着，但国家政策不让搬。不搬对，但何兆胜感情上舍不下。老伴跟自己生死相伴几十年啊。1959 年上青海，他也是积极分子，争着报名。那年他 23 岁，带着新婚的妻子，高高兴兴去支边。支边的人说是国家职工，能吃商品粮，能发工资。可是到青海后，除了气候恶劣外，还得自己垦荒种地，自己养活自己。但他们自己养不活自己，天寒地冻，什么也没有，死了好多人，开始逃跑。何兆胜不跑，党叫来的，国家叫来的，不能跑。妻子抱着新生的女儿给他跪下，哭着求他。于是他带着妻女跑回了老家。

实际上，已没有家了，家在水里，已经坍塌的老宅屋里，丹江红尾巴鲤鱼在游来游去。他们在离老宅屋一里多地的山坡上搭了茅棚住下来。住了 3 年。1964 年，停建的丹江口水库重新动工，移民高程 147 米，生活刚刚稳定的何兆胜又得搬家了。这一次，何兆胜仍然是搬迁积极分子。1966 年 3 月 8 日，何兆胜带着 44 户何姓同族，迁入湖北荆门十里铺公社黎明大队第 14 生产队，何兆胜任生产队队长。

1966 年 5 月，"文化大革命"开始了。8 月 1 日夜，与 14 生产队相邻的一个移民点因与当地居民发生械斗响起枪声，一个移民妇女被打死，一片哭声传到 14 队。14 队的年轻人义愤填膺，吵吵着要去增援乡亲。何兆胜制止。一会儿，邻村人跑来报信，18 队的移民都叫打跑了。怎么办？我们跑不跑？何兆胜说，我们不跑，我们是毛主席叫来的，不是我们自己要来的。他把老人、妇女、孩子藏到生产队仓库里，锁上门，叮嘱千万不要弄出响声。然后让所有的男人寻找铁叉棍棒，严阵以待。刚准备好，几百人高呼着口号："文化大革命万岁！""造反有理！"挥着大刀、铁棍和猎枪就冲进了村。何兆胜跳上石碾，大喊："毛主席教导我们说，人不犯我，我不犯人……"话没说完，对方高呼："打倒何兆胜！"枪声立即大作，枪子在耳边乱飞，他的本家何太才倒地死去。忍无可忍的淅川人大叫着，迎着枪声冲上去。

他们用铡刀砍倒了两个荆门人。

许多人怕荆门人打击报复，逃回淅川。何兆胜是露头橼子，更是打击报复的主要目标。郭福琴劝丈夫逃回淅川。但何兆胜不跑，他还是那句话：党叫来的，国家叫来的，不能跑。直到1973年，实在过不下去了，何兆胜才带着一家10口人回到了淅川，回到了20年后才有了名字的沿江村……

这就是何兆胜的搬迁史。几生几死。没有一点儿是幸福的记忆。但这次一听说又要搬迁，他依然很高兴，依然要当积极分子。他整天

仓房镇的渡口边，老人哭别远去的亲人。

笑呵呵，在忧心忡忡的沿江村里，显得很另类。

但他舍不下生死与共了几十年的妻子。

这天下午家里人找到他时，他一个人坐在老伴的坟前。他没有笑，也没有哭，就那样沉默着，沉默着。

但他的身体好像一下子虚弱了很多。他是被搀扶着回家的。第二天就要搬走了，一家人要在老屋前照个合影以作留念，何兆胜是被家人抬出来的。

2011 年 6 月 26 日 6 点钟，沿江村开始搬迁。临行前，76 岁的何兆胜一语不发，不停地抚摸着带不走的黑狗。

车队缓缓启动。他看见了老伴的坟头。他打开车窗，将胳膊伸出窗外，沉重地举着。但他没有挥动，只是久久地朝着老伴的坟头举着，举着……

何兆胜一家在辉县市常村镇家中合影。

2012年9月，何兆胜卧床不起，脸色蜡黄，瘀肿的眼泡沉重地闭着，呼吸微弱。上大学要走的外孙女伏下身问他："外爷，等我放假了，给你带点啥回来？"何兆胜闪开眼皮，拉着外孙女的手，喘息着说："回老家了，到你外婆坟上照张相拿回来。"

但何兆胜没等到那一天。两个月后，他在新乡市辉县常村镇离世，终年77岁。他在新家生活了1年零4个月。去世时南水北调中线工程还没有通水，但干渠就在新村不远处经过。何兆胜曾望着正在施工的干渠对人说："只要对国家利益大，再让我搬家，我还搬！"

4 姬康：一个移民的坚强

2009 年 8 月 15 日，滔河乡姬家营村狼烟动地，有的在扒房子，有的在放树，有的在抬家具，有的在搬粮食。武警、公安、移民干部、帮扶队员、移民们的亲朋好友、收废品的……数千人聚集在这个临江小村子里，如雨前的蚁群，匆匆忙忙，慌慌张张。

明天，河南省首批试点移民搬迁仪式要在淅川县滔河乡姬家营村举行。

姬康家十几口人，亲戚朋友又多，来帮忙的一大群。所以下午 4 点多钟的时候，姬康家所有要搬走的东西已全部收拾停当：大立柜、沙发、弹簧床、桌椅板凳，在院里摆了一大片；装粮食的编织袋垛了一大垛；装着锅碗瓢盆的纸箱子、大包小包的

搬迁前夕。

衣物被子、还有 6 个腌制酸菜的大肚坛子。房子也扒了，檩条、砖块已托朋友找到了下家。其他人家还都在忙碌。搬出来的东西，还要连夜装上大卡车，因为明天一早，简短的启动仪式后，就要出发。他们要搬迁的地方是许昌县榆林乡。

姬康今年 53 岁，很有威严，是一家之主。他把已成废墟的堂屋清理清理，地扫干净，将两扇扒下来的门板支起来，拼成一张桌子。厨房已经扒了，但灶台没扒，妻子薛荣荣正在露天灶台上忙活。炊烟散乱一院子，然后一缕一缕地飘到丹江口水库里。

天黑了。电灯电线已经扯了，整个村庄就像被丹江口水库里的水淹住了似的，黑蒙蒙。姬康点起几根蜡烛。薛荣荣的菜已经做齐，酸菜粉条，冬瓜猪肉，盛了几盆子。没有讲究的杯盘，喝酒用碗，屁股底下坐的是砖头。这是在老家最后一顿饭了，也是最后一次在祖宗留下的堂屋里招待老亲旧眷。平日里你来我往的亲朋，从此以后，就是天各一方，许多人一辈子可能都见不着了。薛荣荣往桌上摆着菜，眼圈发红。姬康喝了一声："不哭！"她放下菜盆就走，把一滴眼泪掉到了门外。

20 多人围了一桌，姬康家的晚宴开始了。

而其他人家，还在摸黑搬东西，装车。村子里乒乒乓乓一片响声。

烛影闪烁里，姬康给客人倒酒。每人面前一只碗，一碗一瓶。姬康双手举起一碗啤酒，揖了一圈，说："各位亲朋！感谢大家今天来帮忙。我可说好了，明天往新家搬迁，是大喜事，分别的时候，谁也不准哭！"

大家都应承说："不哭，不哭！乔迁新居，大喜事，哭他干嘛？"

姬康瞭妻子一眼，说："女人们贱眼泪多，都给我憋着！"

10来点的时候，宴席散了，离家近的亲朋们都回了家。姬康拉了一张席片，朝地下一扔，睡了。

但他哪里睡得着呢？明天五六点就得起床，然后，告别家乡；是永别，从此，生养了一代又一代姬家人的这块土地，将不再属于他们。还有8个小时，他想紧紧地抱着这块土地，或者被这块土地紧紧地抱着。他睡不着，他不想睡着。12点半的时候，他起来了，从家具堆里掂出两只塑料壶，来到门外水井边，轻轻摇动辘轳。这是口古井，不知养了多少代人了，井水凉甜凉甜，有人说井底与丹江通着。他装了两壶老井水，明天走时带上，到许昌后，啥时想家了，就喝一口。

他放好水壶，刚要躺下，听到了女人的哭声。他喝道："憋着，别哭！"妻子回嘴说："你个没心没肺的！谁哭啦？谁敢哭？"姬康听

移民与古井告别留影。

了听，不是妻子，是邻居家的女人在哭。

姬康重新躺下，深夜里，从丹江口水库里刮来凉爽的风，风里的水腥味能让人回忆起儿时拱在妈妈怀里的味道。姬康忽闪又坐起来，看看手机，凌晨3点零5分。他摸过鞋子穿上，蹑手蹑脚往院外走。

姬康来到了水库岸边，他默默地站着，望着无涯无际、黑沉沉的水面。有鱼儿打漂的声音，跟着有星光在浪花儿上一闪。他突然奇怪地想，人要是丹江里的一条鱼，就不会搬走了吧？而他自己确实曾经是一条丹江里的鱼：他喜欢水，儿时经常在丹江口水库里游泳，扎猛子。特别是夏天，成天钻在水里不出来，妈妈几乎天天到水边来找他，骂："鳖娃儿吧！你是鱼托生的啊！"

丹江口水库里的鱼托生的姬康站在丹江岸边，他不知道新家许昌榆林有没有水，但肯定没有这么大、这么好的水。他是丹江边这片土地养大的，也是丹江这片水养大的。他贪婪地呼吸着浓浓的水汽，竟下意识地一步一步慢慢走进了水里。他扎了一个猛子，游了几下，然后站在水里，掬一捧水喝下，一遍一遍地撩着水洗脸。这时传来村里的响动。天快亮了，快出发了。姬康从水里走出来。他又在水边立了一会儿，然后跪下，向丹江口水库深深地磕了个头，站起转身向村上走去。

2009年8月16日7点30分，

别了，姬家营。

试点移民启动仪式结束，姬康和妻子一起登上了远行的大巴车。姬康胸前别着大红花，脖子里挂一个红带子铭牌，手里牵一只狗，身边放了两壶老井水。妻子的眼睛又红了。姬康说："不哭，不哭，今天是喜事，咱不哭！"说着说着，他自己哇一声号啕大哭起来，泪水就像渠首的闸门打开了，一泄如洪，汤汤北流。

下午3点半，移民车队到达许昌市榆林乡移民新村，河南省委副书记陈全国、副省长刘满仓、许昌市委书记毛万春等领导在新村迎接他们。姬康从许昌市委书记毛万春手里接过了新居钥匙。他的新居在姬家营新村10排5号，四室两厅。刘满仓说，你这是省部级待遇啊！姬康差一点儿又哭出来。

5 张思江：一江思念向北流

香花镇的张义岗村在南水北调中线渠首闸北边，距离不到二里，站在村里，能清晰地看见森林一样的脚手架，脚手架上皮影一样的工人，伸到蓝天上的塔吊，塔吊上飘扬的红旗。这是一个老移民村，每家都至少经历过 1 次移民，最多的 4 次。南水北调中线渠首工程建成后，香花镇张义岗村将是第一个被淹没的村子。钢筋水泥正在拔节生长，最后长成闸门，将一库丹水收住，将出水口的水位提升 16 米，与北京团城湖形成近 100 米的落差。那时，丹江水会漫上来，漫进各家的堂屋，漫上各家的床铺，泡塌各家的锅台。

张义岗的老移民们又要进行第三次、第四次搬迁了。

他们从别处迁来，又将迁往别处。带走的是未知的希望与未知的新生活；带不走的，是那山，那树，那些麦田和坟场。村里的老井，一滴血一滴汗盖起来的祖屋；还有，那条村头小路，曲曲弯弯，像脐带一样连着丹江……

张义岗的村民小组长叫张思江，人们还按人民公社时的老习惯，叫他队长。他背着喷雾器走进院子，弯腰放下喷雾器时，额头的汗水啪啪往下滴。"今儿天真热！"他扯下脖子里的毛巾擦擦汗说。

他给棉花打药去了。

张思江种了一辈子庄稼，对土地一往情深。他家种了40多亩地，种小麦，种玉米，种棉花，种花生，每样庄稼都比别家的长得茂盛，产量高。

妻子从小卖部里提了一捆啤酒回来，抽一瓶递给他，让他降降温。他坐在院里一张椅子上喝着，喝两口后，就拿着酒瓶发呆。妻子趴他脸上看看，问："咋？中毒啦？"张思江叹了一口气："唉！就这最后一季啦！"

移民在装车。王洪连 摄

再有几天，张义岗232户1011人就要搬迁到邓州了。

"队长！药打完了？"一男子在院门口问他。张思江说："没哩。下午接着打。"

那男子说："打它弄啥哩！马上要走了。"

张思江说："唉，庄稼么，虫咬着心疼。"

那天下午他又去打了，打得很仔细，叶面、叶背，包括地下的落叶都打到了。

歇息的时候，他到母亲的坟边坐了一会儿。母亲去世前，叮嘱张思江说，将来搬迁了，一定要把她的坟也搬走，她希望死后能与亲人在一起，不想叫水给淹了，她从小就怕水。母亲拉着他的手，盯着他的眼睛，直到他点头答应，才溘然长逝。张思江当时就知道，按政策，所有的坟都不能往搬迁地迁。他向母亲撒了谎，他觉得对不起母亲。

太阳挨山了，地里比家里凉快。张思江不急着回家。他坐在水库岸边，看渠首工地上的塔吊，看丹江口水库里清得像碧玉一般的水。他看见一个纸船在水边荡漾，纸船里放着一团红布。他知道，今天又有人家"卸锁子"了。

"卸锁子"是张义岗一带独特的习俗。男孩子们出生后必有一个

张义岗一带男孩子的成人礼——卸锁子。

银项圈。从第一个生日开始，每年的生日，家人都要在银项圈上拴上一条红布，叫上锁子，象征把孩子锁住了，可以消灾，避邪，保佑孩子平平安安，一直拴到12岁。12岁生日这天，一大早家里人都起来了，打扫房间，准备香烛鞭炮，杀鸡割肉，打酒买菜，让孩子穿上新衣，戴上拴满红布条的银项圈，叮嘱不要说不吉利的话。最重要的是要叠一只纸船，用绿色的蜡煎纸，耐泡。亲戚、朋友和乡邻都来了。一行人抬着三牲（猪、牛、羊），抬着供菜，来到丹江岸边，点香，跪拜，放鞭炮。12岁的孩子对着丹江磕头毕，伸着脖子，让父母用剪刀将红布一条一条剪下来，放入纸船。父亲或母亲双手捧着纸船，临水而跪，对着大江念道："顺风船，顺水行，放走一条过江龙。"然后将纸船放入水中，看着纸船悠悠地漂向远方。之后，临江宴席就开始了。宴请了人还要宴请鱼：吃剩的菜肴要倒入江中，看着成群的鱼来赴宴，<u>鱼越多越吉祥</u>。

　　这实际上是一个成人礼。旧时淅川人结婚早，十三四岁结婚的不在少数。所以12岁就要举行成人仪式：脖子里的红布条（锁子）一去掉，你就是一个不再受父母过多约束的成年人了。

　　张思江望着水中的纸船，情思悠悠。他一儿一女，都已成人。但现在的年轻人有三大毛病，一是远行，二是晚婚，三是晚育。张义岗的年轻人都打工去了，村里没一点儿生气。儿子虽然结婚了，但至今还没生孩子。他曾想象自己给孙子"卸锁子"时又幸福又轻狂的样子。可是，再过十来天就要搬走了，新家有水吗？有河吗？有这么大的江吗？以后有孙子了，到哪儿去"卸锁子"呢？再说了，十里不同俗啊，到了新地方，孩子脖子里拴个布拉条子，当地人会笑话的，孩子会受不了的。看来，千年习俗，从今就算断了，给孙子"上锁子"、"卸锁子"，只能是一个梦了。

张思江回家的时候，太阳已落到了山后头，陶岔渠首的探照灯已扫亮了江面。

几天后，2009 年 8 月 21 日，张思江搬迁到了邓州市孟楼镇。他是村民小组长，也是搬迁带头人。南水北调中线工程通水后，他曾回趟老家，老家已是一片汪洋。他站在陶岔渠首，望着悠悠北流的渠水，神思恍然，流动的渠水，变成了滚动播放的电视画面，画面里尽是张义岗的老屋，老屋房脊上的鹁鸽；张义岗的树，树梢上的老鸹窝；张义岗的土地，土地里的玉米棉花……当然还有张义岗的风俗，风俗里的"卸锁子"……

这些画面流到了北京，流到了团城湖，哗哗响着，还原成了清洌甘甜的水。

丹江的水！从丹江人家园里流过来的水啊……

6 杜国志：最后的渔歌

一条机动渔船突突地响着，犁出一道水沟，像它的尾巴。太阳火辣辣地挂在头顶，把丹江口水库里的水面照得晃眼。渔翁杜国志光着上身，戴着草帽，把着舵，嘴里尖腔尖调地吼着渔歌："小妹妹你在岸边呀呀，听哥呀么唱呀，唱一对鸳鸯呀，呀么游在水中央……"船上两个年轻人鼓起掌来："唱得好！唱得好！"

可是杜国志不唱了。两个年轻人还在支棱着耳朵往下听呢，催道："唱呀，继续唱。"杜国志望望岸边，努一下嘴："有两个老太婆在洗衣裳哩，光骂我不正经。"

真的，船快靠岸了，岸边传来杵衣声；这声音很古老，只在《诗经》里听到过。

船里坐的两个年轻人是记者。杜国志是奉了村支书的命去马蹬码头接他们的。杜国志住在马蹬镇曹湾村，这是伸在丹江口水库里的一个孤岛，明天就要搬迁。两个记者要去采访他们的村支书。

可是等杜国志就要靠岸的时候，两个记者却改变了主意，他们觉得这位老渔翁很有意思，开朗、活泼、幽默、健谈。他们说："老杜，我们不见支书了，你把船开到江里，我们就跟你聊聊吧。"

移民们等候搬迁。王洪连 摄

杜国志说："聊啥？我大字不识一个，不会说政治上的话。"

记者说："我们不说政治上的话，随便聊。这次搬迁有你没有？"

杜国志说："有。明天就搬，一会儿回家就扒房子。"

"说心里话，你想搬不想搬？"

杜国志拉下肩上的毛巾，擦一把汗，说："想搬也得搬，不想搬也得搬。国家的事，不能光凭自己心里想。"

记者笑起来："哎呀老杜，你挺懂政治哩嘛，怎么说不会说政治话？"

杜国志也笑起来："这就是政治呀？那这样说我也懂一点儿，舍小家为国家嘛。"

记者又问道："老杜，你平日里打鱼吗？"

杜国志说："渔民不打鱼，干啥？"

"收入咋样？"

"人民公社时，没少受罪。这些年好了，光捕鱼收入一年 4 万多元，加上 5 个网箱，10 万元以上，这不算地里收入。"

记者说："收入这么多呀，比我们工资高多了。"

杜国志有些自豪，说："这还多呀？我儿子和儿媳在外打工的钱还没算上呢！"

"这次搬到哪儿？"

"社旗县晋庄乡。"

"去过没有，对那个地方满意吗？"

杜国志叹了一口气，说："凭良心说，那地方不错。新村距离集镇只有三里地，临公路，土地也平整肥沃。可是，哎——"老杜不说了，抬眼望着无际的江面。

"是不是到那里后，收入会降低呀？"记者问。

"收入肯定低，只要有现在的十分之一就好了，不过那不是主要的。"

"主要的是什么呢？"记者追问道。

杜国志没有立即回答。他望着辽阔的江面。阳光炙烤着他的脊梁，肉皮黑红，像刚出锅的卤肉；一层汗珠，像浸出的油。

"再到哪儿去找这一片好水啊？"杜国志没有回头，仍然望着江面说，但显然是在回答记者的问话："河南省没有，全中国没有；听说这是亚洲第一大水库，所以，全亚洲也没有。我们习惯了这水里的鱼腥味，习惯了打鱼，习惯了唱渔歌。可是从明天起……"他又不说了，把头扬了扬，望向更辽阔的远方。

记者突然一愣，轻轻地喊道："老杜，你哭了？"

杜国志揉了揉眼睛，回过头跟记者说："唉，不说了。我给你们唱首渔歌吧。"他就尖腔尖调地唱起来，很古的声音，也好像只从《诗经》里听到过：

> 小妹妹你在岸边呀呀，听哥呀么唱呀，
> 唱一对鸳鸯呀，呀么游在水中央。
> 小妹妹你年二八，一人独坐呀冤呀不冤（鸳）？
> 哥哥我有只虫在心里爬，你说呀痒呀不痒（鸯）？

咱不如学那鸟，也呀么呀呀游到水中央！

两位记者鼓起掌来。一个记者说："老杜，你这能上电视台了！"杜国志说："不中！不中！电视台盛不下，这歌只能在水茫茫的地方唱。"顿了一会儿，他又低声自语："最后一次唱这支歌了。"

记者安慰说："老杜，到那边也可以唱啊。社旗县有个山陕会馆，山陕会馆里有个古戏台……"

杜国志打断记者的话说："没这片水，就没这种心情了，也唱不出这个味了。"

移民老姐妹在告别。王洪连 摄

杜国志又把两位记者送回了马蹬镇，然后掉转船头，突突地响着，驶向丹江深处。丹江深处，有一个小岛，小岛上有一个村子，叫曹湾，曹湾里有一个老渔翁，叫杜国志。此刻，曹湾的家家户户都在抬家具，搬粮食。杜国志急着赶回家扒房子。

两位记者站在码头上，望着杜国志愈来愈小的身影，久久不肯离去。他是丹江口水库里的老渔翁，他给他们唱了一首最后的渔歌。他们觉得很幸运，也很忧伤。他们在心里默默地祝福他。

7　熊君平：最后的清明

熊君平是淅川县作家协会副主席，写诗，写散文。这天早上刚起床，父亲就来电话，让他回家，并命令他要带上孩子、老婆。熊君平问："啥事？爹。"老头发了脾气："你说啥事？"

这是一户移民的全部家当，最贵重的是那口黑色棺材。

熊君平想想，丈二和尚——摸不着头脑："啥事你说嘛！"老头说："明天是清明，回来给你爷奶上坟！"

熊君平说："那我一个人回去吧，孩子上学哩，往年都是我一个人回。"老头说："今年跟往年不一样！今年是最后一次啦，以后想上你也没处上啦，娃儿！"电话里传来老人一声哽咽。熊君平连忙答应："行，行，爹，我这就立刻回去。"

熊君平步履匆匆，提前从县城往丹江岸边的老家赶。想到这是最后一个清明给祖坟烧纸祭拜，心情不由得也沉重起来。他说："过去，我的脚一踩上回家的山道，一种踏实的感觉顷刻会从脚底下溢出。可今天，总觉得脚下的路在晃动，起伏的冈丘也在晃动。恍惚间，墨绿的麦田和金黄的油菜花所斑斓成的雄浑画卷，忽然就幻化成一望无际、渺渺茫茫的水域漫上来……"

父亲坐在门口等着他。看见儿子回来，父亲并没有显出往日高兴的样子，而是皱着眉头，一脸心事重重。熊君平知道，父亲在这块土地上生活了80年，80年的感情自然要比20年、30年要深。父亲更比别人多了一份担忧，他的桐木棺材是他20年前亲自跑到北山去选的材料，独板（棺材两面墙各由一块板组成），4寸厚，用桐油刷了一遍又一遍，像紫铜包出来的，他常常向人夸耀。丹江岸边的人有个文化传统：40岁以后，就做副棺材放屋里，而且要放到经常能看得到的地方，说是压灾，活着心里踏实。可是，眼看就要搬迁了，父亲担心公家不让带这样的东西上车。他想找个亲戚家存放起来，过后再运，却一直找不到；一个棺材放别人家里，谁都忌讳。熊君平劝他："车到山前必有路。到时候政府会给你想办法的。"但老人就是不放心。

吃罢午饭，父亲坐在门前。门前是他改革开放那年种的小竹园，青翠欲滴。他怅然地望着竹园，一口接一口地吸烟。那只与他形影不离的灰狗蹲在他身边，一会儿舔舔老人的手，一会儿起来走到老人面前，望着老人的脸，摇着尾巴，不时地叫唤，似乎有一种不安的预感。

熊君平便十分担心父亲。人老了，恋旧心重。听说仓房镇一个老人，为了能把老骨头埋到家乡，临搬走前，上吊自杀了。熊君平也坐到父亲身边，想着法儿给父亲宽心。他给父亲讲漯河移民新村的房子盖得如何如何好，马路修得多么多么宽；讲他到漯河新村参加开工典礼的事：那天，依照咱淅川的风俗，把从祖坟上带去的土，从村里古井里打上来的水，在咱家里泡的豆芽、酿的黄酒，都埋在了奠基的石碑下，漯河市的

对故乡的凝望。

市长给咱奠的基。"爹，我还作了一首诗哩，我念给你听听吧。"熊君平念道：

掬一捧故乡的土，轻轻地，撒在新村的碑基下，
乡亲说，土是祖根，
顷刻，故乡的黄土便与异乡的黑土同化。
汲一瓶老井的清水，缓缓地，在新村的碑下倾洒，
长辈说，水是血源，

瞬间，老井的甘甜便在新土中渗下。

抓一把豆芽菜，沉沉地，绕新村的碑基抛下，

父兄说，豆芽是扎根菜，

不久，一颗迁徙的心就把根扎……

老人终于笑了，说："娃子真会编！"

翌日，门前竹园里的小鸟早早地就把人叫醒了。吃罢早饭，一家老小，在老人带领下，提着蒸馍、火纸、往生钱、纸元宝，还有纸扎的小轿车、别墅、电视机，来到爷奶的坟上。这是熊氏祖茔，也叫熊家老坟，不知埋了多少代祖先了。大家开始摆供享，点往生钱，放鞭炮。熊君平怕父亲出意外，左右不离地跟着父亲。父亲带了一把砍山镰，一声不吭，修理坟头上的柏树。种的是刺柏，侧枝很多。父亲修理得非常细致，一丝不苟，小心谨慎，就好像当年给爷爷整理折皱的衣襟，给奶奶梳理被山风吹乱的头发。

鞭炮响过了，火纸和往生钱也烧得差不多了。父亲走到坟前，跪下来，将头重重地磕下去。他把头抵在地上，没有抬起来。他不起来，其他人也不敢起来。熊君平望望父亲，心里颤了一下。2010 年 8 月，盛湾镇瓦房村搬迁前，一位王姓老太太去祖坟上烧纸，因眷恋已故亲人，悲伤过度，头磕下去后，就再也没有抬起来。熊君平赶快去搀父亲，喊着："爹，爹，起来吧！"

他把父亲搀了起来。一看，父亲满脸泪花。

"娃，从爹这一代起，咱就入不了老坟了。"

老头一句话，说得一家人都哭起来。

那天村里上坟的人特别多。往年清明，上坟的人主要是一家主事的人，今年各家都是男女老少全家出动；往年都是火纸一沓，冥钱

最后的祭奠。王洪连 摄

一扎，今年都是买了一大堆；往年放的花鞭是 3000 响，今年都是 1 万响，甚至 10 万响；往年磕个头拍打拍打膝盖上的灰就起来了，今年磕下去却久久地爬不起来；往年坟地里一片肃静，今年是一片哭声……鞭炮声此起彼伏，四周的坡坡沟沟里都冒着蓝烟。蓝色的烟雾缠绕在树丛里，久久地不肯散去。人们的哭声也缠绕在树丛里，好像许多人在抱着树哭。那天的丹江非常安谧，有微风，一江细微的涟漪，像是一脸惆怅。

熊君平回县城后数日不能平静。就在家里人搬迁前夕，他写了篇散文——《最后的清明》。他想永远记住那一天，他想让喝上丹江水的人都记住那一天，他想让历史记住丹江边那个最后的清明。

8　张吉良：最后的渔民

　　金黄的阳光，青翠的山冈。远远看去，有一个怪物在向丹江大水库里走着。那是香花镇张义岗村的张吉良，他戴一顶草帽，肩上扛一个船桨，手里提一只桶，怀里抱一团渔网。是那团渔网把他妖魔化了。

　　张吉良来到江边，解开小铁船，用水桶舀出下雨积的水，动作轻盈麻利，像一支舞蹈。

　　撑离江岸，船桨在碧绿的江水里划动着，划出一江波纹。小船在波纹里一漾一漾，漾到了水中央。

　　开阔的水面，清凉的风；头顶有几只飞旋的白鹭，岸边有几个光屁股嬉水的少年……张吉良把桨划得很轻，他在侧耳倾听着什么。听清凉的风？听白鹭翅尖的扇动？听少年弄起的水花？

　　——他在"听鱼"。

　　张吉良是远近有名的捕鱼能手，他有一个"特异功能"令人艳羡：在方圆 1500 米以内，他能"听见"鱼在哪里。

　　他已经"听到"鱼了，将小船轻轻地划过去，划到一个毫无标志的地方，停下来，赤脚走到船头，捋起袖子，摘网，努身如弓，双臂

丹江渔民。

一扬，那张渔网便在空中开成一朵喇叭花，落下来，罩住一片水面，沉下去，兜住了一群鱼。

那一网，足足打了 20 斤丹江红鲤和白鲢。

张吉良喜欢捕鱼，听鱼撒网是他的水上杂技，玩个乐子。真正逮鱼是靠他的另一个秘籍。那天，他把船开到了另一个库汊里。这里的水面上漂着许多白色的塑料泡沫块，凳子面大小。张吉良趴到船帮上，伸手捞起一个泡沫块。原来每一个泡沫块底下竟连着十几个网篓，网篓里放有鱼饵，鱼虾吃鱼饵时进去出不来。张吉良费了好大劲才把十几个网篓拉到船上，每个篓里都是多半篓鱼虾，都是野生的，没一点现代污染，拿到南阳人们争着买。

有记者问张吉良："听说网箱养鱼都禁止了……"张吉良连忙辩驳："我这不是网箱养鱼。网箱养鱼要投放鱼饲料，投放化肥，投放鱼药，污染水资源。咱这丹江水是叫北京人喝的，挣钱再多咱也不能弄那事！"张吉良的觉悟蛮高的。

"那你这……以后还让搞吗？"

"还搞啥呀？再等几天就搬走了，让搞，你上哪儿搞去？哪儿还有这么好的水呀？"

"那你搬走后干什么呢？"

张吉良一下子沉默了，沉默了好久才摇摇头："我不知道。"

9 徐士瑞：最后的渔翁

　　张吉良是一个纯粹的、优秀的渔民，但他不是一个渔翁。渔翁是一幅宋人的焦笔水墨，"孤舟蓑笠翁，独钓寒江雪"；渔翁是唐人的一首诗，"湖上山当舍，天边水是乡。江村人事少，时作捕鱼郎"；渔

湖上山当舍，天边水是乡。

移民用船把家具运到江对岸停车场。王洪连　摄

翁是人生的一种境界，"竿头钓丝长丈余，鼓枻乘流无定居。世人那得识深意，此翁取适非取鱼"；渔翁是做人的一种放浪与潇洒，"一棹春风一叶舟，一纶茧缕一轻钩。花满渚，酒满瓯，万顷波中得自由"；……

张义岗村真正的渔翁是张吉良的邻居徐士瑞。

徐士瑞逮鱼不用网，不用网箱，也不用塑料泡沫块，更不用电击棒，他只用钓竿。他的房梁上挂了一排鱼钩，长的短的，粗的细的，单钩双钩，可以开一个钓钩博物馆。张义岗是三面环水的一架山坡，徐士瑞房子盖在山坡上，坐在堂屋门口，一抬眼就是无边无际的丹江大水库，似乎岑参的诗就是写给他的："湖上山当舍，天边水是乡。"这样的地方，不出个渔翁，很是可惜；或者说，住在这样的地方不做渔翁，有负造化。

搬迁前的一天，村里人都去安置地看移民新村了，好朋友张吉良也去了。徐士瑞没去。看什么呢？房子盖得不好就不搬了？北京天津几千万人立等着喝丹江水呢，你张义岗几百个小毛人儿比几千万人还重要？现在共产党的政策够好了！明朝时候从山西洪洞县往南阳迁，给你盖房子了吗？秦灭六国徙不轨之民于南阳，给你盖房子了吗？人得知足，得知道为国家着想⋯⋯

徐士瑞没去看房子。村里人坐上大客车走的时候，他胳肢窝里夹一只小马扎，淡然地从汽车旁绕过，向江边走去。

那天下着淅淅沥沥的小雨，江面和山坡被同一块轻纱笼罩了。徐士瑞戴一顶尖顶席帽，腰里挎一只柳条编的小鱼篓，披一条龙须草织的蓑衣，背一根鱼竿，"竿头钓丝长丈余"。他踏着羊肠小道上的泥泞，拐弯，拐弯，下坡，下坡。路边的草丛、树茅簇拥着他，打湿了他的衣裳。细雨把水面与青山朦胧成了一体，徐士瑞像在水中游。他下到河边，走进了一片芦苇丛中。假若清朝的纳兰性德看见了，定会拈一把胡须吟咏道："秋风宁为翦芙蓉，人淡淡，水蒙蒙，吹入芦花短笛中。"

徐士瑞放下马扎，在临水的芦苇边坐下，捋了捋钓线，打开一个奶粉罐抓出一只蚯蚓，穿上鱼钩，然后举起鱼竿，朝着丹江一甩⋯⋯一圈一圈的涟漪，如碧玉环，由小变到无限大，由少变到无限多，最后就环住了整个丹江，丹江的脖子里，挂满了渔翁的碧玉环。

可是明天就要开始搬迁。扒房子，搬东西，装车。后天一大早就要离开。永远离开。不再回来。现在屁股底下坐这片地儿，会淹在16米以下的水底⋯⋯碧玉环，碧玉环，丹江挂满了碧玉环⋯⋯突然身后有人叫道：

"老徐！咬钩了，咬钩了！"

徐士瑞没有听见，他仍望着鱼钩沉下的地方。钓丝系着大江，好像系不动似的，微微地抖动着，抖动出一个一个碧玉环，碧玉环，碧玉环……

"老徐！咋不甩竿啊！"

徐士瑞这才听见，回头看了一下，是张吉良在喊他。张吉良他们已经看房回来了。

徐士瑞慌忙甩竿。

钓住一条黄刺公。

徐士瑞把黄刺公从鱼钩上摘下来，放到背后的鱼篓里。黄刺公又叫刀鳅，背上有刺，如刀。徐士瑞的手让黄刺公杀了一刀，冒个血豆，但他没觉得疼。

张吉良说："咋样？今儿收获不小吧？"他弯下腰扒着鱼篓看。

鱼篓里，只有一条黄刺公。

张吉良叫道："哎呀老徐！一大晌，你就钓这一条鱼啊？"

徐士瑞没说什么，长长地叹了一口气，收了竿，夹起马扎，连跟张吉良打声招呼都没有，钻进了芦苇丛。

这是徐士瑞最后一次在丹江里钓鱼，也是最后一次做渔翁。第二天，2009 年 8 月 21 日，他搬迁到了邓州市的孟楼镇。

丹江口水库的万顷宣纸上，一幅焦笔渔翁图，就此消失了。

10 凌贵申：最后的早餐

凌贵申肚里藏个秘密，憋得他一夜没合眼。早上5点不到，他就爬起来，捶着床帮喊老伴："快起！快起！"妻子刘遂娥生气说："你叫唤啥？刚合上眼，天黑着哩！"凌贵申说："今天有大事，快起来做饭！"刘遂娥没好气："今儿搬迁哩，谁不知道有大事？一百多家哩，又不是就你一家，你激动个啥？"凌贵申说："咱家跟别家不一样。咱家……我跟你说，有个事我憋一夜了，没敢跟你说，怕你睡不着。""啥事？不就是搬家吗？"凌贵申说："不是。昨晚装车的时候，金河给我说，今早起有几个大官要到咱家吃饭哩。"刘遂娥的瞌睡就也一股风吹跑了，忽闪坐起来，问："大官？多大的官？"凌贵申卖关子说："多大的官？你猜猜！"刘遂娥说："是乡党委书记？"凌贵申摇摇头："你往大里猜。"刘遂娥说："县长？"凌贵申又摇摇头。刘遂娥穿上衣裳说："我猜住了，是副市长！"凌贵申说："你再往大里猜！"刘遂娥"扑通"又躺下了，说："龟孙！你骗我哩！不猜啦！"

凌贵申这才揭了谜底说："我就知道你猜不着。没见过世面。告诉你吧，是南阳市委书记黄兴维，市长穆为民。"

刘遂娥又忽闪坐了起来，说："我的妈呀！这可咋办啊？房子都

滔河乡张庄村移民姚大娘挑着老家什去装车。

扒了，只留下 4 堵老土墙，锅碗瓢勺、米面油盐，都装车上了，咋招待人家？恁大的官，叫人家笑话呀？"

凌贵申说："所以叫你早点起来做准备嘛！"

老两口开始打扫院子，摆放桌子，收拾碗筷。

6 点的时候，火红的太阳从丹江里升上来了，照得丹江像一面镜子，晃得人睁不开眼。支书凌金河、村主任凌建刚从滔河乡的饭店里弄来了油条、烙馍、咸鸭蛋，刘遂娥在露天锅台上炕豆腐，炒豆芽。刚摆好，市委书记黄兴维和市长穆为民就来了，后面跟了一大群记者，有南阳的、郑州的、北京的，摄像机、照相机、录音机，呲呲啦啦乱响。

凌贵申有点儿紧张，他从前见过的最大的官儿是乡党委书记。他搓着双手，夹着膀子，不敢凑前。他是主人，不凑前又不礼貌。所以他局促不安地站在那里，脸上的笑容非常僵硬。可是黄书记和穆市长好像早就认识他似的，竟照直朝他走过来，紧紧拉住了他的手，问："老人家姓凌？"凌贵申答应："是，姓凌。"在一旁的乡干部解释："凌云壮志的凌。"黄书记笑道："好好！今天来你家'混'顿饭，欢迎不欢迎？"凌贵申连忙说："欢迎！欢迎！"

黄兴维拉凌贵申一起吃饭。问道："怎么样？愿不愿意搬迁啊？"

凌贵申回答："愿意！愿意！东西都装上车了。"

"今天是个好日子啊，阴历五月初六，六六大顺嘛！"黄书记说着，夹了一根油条放到了凌贵申碗里。然后望着凌贵申说："库区移民为南水北调作出了很大贡献，党中央、国务院，还有咱们省委、市委，都十分关心移民的迁安工作。你们舍小家，顾大家，为国家，搬新家。今天是你们乔迁新居的大喜日子，我代表南阳市委、南阳市政府，向你们表示感谢，并为你们送行，祝贺！老人家能和大家一起率先搬迁，非常好，早搬家，早发展，早致富。"

凌贵申连连点头："是！是！我们一定听党的话，以大局为重，以国家为重！"

市长穆为民对村支书凌金河说："金河，你这个村支书很能干，党支部也很有战斗力。到了新村后，你想上什么项目，尽管向我提。南阳，永远是你们的老家！"

大家你一言我一语，越说越家常，越说越亲热。有个工作人员在黄书记耳边低语了一下，黄书记低头看了一下手表，问凌贵申："怎么样，老人家，吃好没有？"凌贵申说："好了，好了。""那咱们就出发？"黄书记站起身，向大家招了一下手："8点整，准备出发！"

118辆汽车霎时轰鸣起来，将丹江里平静的水面震得溅起了水花。

　　2010 年 6 月 17 日，时任南阳市委书记黄兴维（左二）和市长穆为民（右一）陪移民在老家吃最后一顿饭。

　　2010 年 6 月 17 日下午 5 点，搬迁车队顺利抵达唐河县毕店镇凌岗移民新村。从此，凌贵申就成了一个唐河人。如今他已经在唐河生活了 7 年，有时他会很想家，忍不住忧伤；但最后一顿早餐的情景会立刻浮到眼前，他又感到很幸福，很骄傲。

　　老家最后一顿早餐是与市委书记和市长一起吃的，市委书记给他夹了一根油条。

　　吃完那顿早餐后，他就变成了唐河人。

11 周域：最后的语文课

周域今天理了发，寸头，很精神；换了一身新衣裳，黑裤，白衬衫，有点庄严。已经教了 20 多年学了，今天却有点忐忑不安。他坐在办公室里，闻着丹江里湿润的水汽，听着丹江口水库里轻轻的浪涌

2010 年 6 月 11 日，淅川县滔河乡凌岗村小学生正在即将被拆的教室前上课。王洪连 摄

声，等待着上课铃响。

他是滔河乡双庙小学的校长兼语文教师，今天，他要给凌岗村的学生们上最后一课。

凌岗村大后天就要搬迁了，明天孩子们就要放假。村子里都在扒房子，捆东西，人心惶惶。他不知道今天孩子们能不能到齐，能不能安心上课。

2010 年 6 月 14 日下午 4 点钟，上课的铃声敲响了。周域拿起教科书，端一包粉笔，向教室走去。校园里很静，出奇地静。他怀疑是不是学生们都没有来。他忐忑地走到教室门口，探头向教室里看了一下，原来学生们都在教室里笔挺地坐着。从前上课铃响好久了，学生们还在往教室里跑，而今天，学生们却不等老师催促，已经早早地来到了教室里。一种沉重的氛围，一下子就漫上了周域的心头。他走进教室，学生们齐刷刷地站起，喊一声："老师好！"比什么时候都洪亮，比什么时候都整齐。周域没有像平日那样立即回答"同学们好"，而是深情地向同学们望一眼，他看见，教室里没一个空位，也就是说，所有的学生都到齐了，47 个，一个不少。他还看见，所有学生的脸上，都挂着一丝忧伤，两眼那么深沉地望着他。他向同学们鞠了一躬，然后才沉沉地回答道："同学们好！"

"同学们，我今天，在你们老家的学校里，给你们上最后一堂语文课。这一堂语文课后，等到下学期再开学的时候，你们就坐到了几百里外的另一个教室里，那时，你们已经不再是淅川人了，你们是唐河人，或者是新野人……"

周域拿出粉笔，在黑板上写下：最后一课。

他听见有学生啜泣了一声。

"请同学们打开课本。我们今天要学的是一篇文言文，文章的题目是《关尹子教射》，这是一篇古代寓言。关，是指函谷关。函谷关，就是老子骑牛出函谷的函谷关。老子，大家都已经很熟悉了，民间称他为太上老君。老子出函谷以后到哪里去了？有人说他到咱们淅川来了。如今，咱们学校的北边，有一个老君台；再北边，有一个老君洞，相传就是两千五百年前，老子隐居修道的地方。老子为什么要到咱们淅川来隐居修道呢？因为咱们淅川是个好地方啊……"

接着，周域开始讲丹江，讲淅水，讲百里顺阳川；讲尧子封丹，熊绎封楚；讲楚始都丹阳，讲秦楚丹阳大战；讲范蠡，讲范晔；讲香严寺，讲坐禅谷；讲楚编钟，讲云纹铜禁；……

突然，下课的铃声响了。周域猛地一灵醒：最后一课他还没有讲完——不，他基本上还没有讲，《关尹子教射》，他只讲了一个"关"字。他打住话题，歉意地望望学生们。学生们鸦雀无声地坐着。平时上课爱说话的凌伟，微张着嘴巴，定格成一幅卡通画；爱做小动作的刘晓阳，两只手平放在课桌上，静如木刻；爱打瞌睡的凌艳，背着双手，坐得笔直，两只眼睛瞪得像铜铃……

周域向学生们深深鞠了一躬："对不起，同学们，今天的课文忘记给你们讲了，下课。"

但是，47个学生一动不动，一双双眼睛湿湿的朝他瞪着，是一种期盼，一种不舍，一种乞求，一种无助，一种留恋，一种忧伤……

周域从粉笔包里拿起半支粉笔，横着，笔道宽宽地在黑板上写了5个大字：

永远的牵念！

"同学们，下课！"他回过身喊。

但学生们仍然坐着不动。

周域老师在黑板上写了 5 个大字：永远的牵念。

周域回过身，又在"永远的牵念"几个大字下面，写下 3 行小字：

　　淅川，你们永远的家！
　　丹江，你们永远的根！
　　双庙，你们永远的母校！

"孩子们，下课！"

他没再等学生们起立喊再见，夹起教科书冲出了教室。他的眼泪快流出来了，他怕当着孩子们的面流得一塌糊涂。

2010 年 6 月 17 日下午 5 点钟，这 47 名在家乡上完最后一课的小学 6 年级学生，随父母一起搬迁到了 400 多里外的唐河县毕店镇。

家乡，母校，还有那母校的最后一课，将会是他们生命里镌刻得最深的烙印。

而他们的语文老师周域呢，也许一辈子都会遗憾着：那一课他没有上好，只讲了《关尹子教射》中一个"关"字，而课文里"人生做事不仅要知其然，而且要知其所以然"的深刻寓意，他还没来得及教给孩子们。

12 三爷：水命侠客羡江鸥

我们找到三爷的时候，他正坐在江边的一块岩石上，仰着头，定定地望着江面上几只翻飞的鸥鸟。我们没有即刻打扰三爷，而是停下脚步，也欣赏那江鸥，欣赏仰望江鸥的三爷。

鸥鸟洁白，翅膀修长，弧形，翅膀扇动的时候，就像披着一身白纱的仙人在天上舞。有时它会俯冲下来，掠着江面滑翔，像花样滑冰冠军张着双臂滑过赛场。三爷光着上身，晒得黝黑；脸庞也黝黑，皱纹又粗又深。你要是不喊他，他也许就长在岩石上了，长成一块价值连城的奇石。

"三爷！"

我们喊了一声。

他扭头望我们一眼，没理我们，又去望江里的鸥鸟。

他不认识我们。

乡里村里的人们也不知道三爷叫什么名字，老老少少都喊他三爷，三爷就成了他的名字。人们也不知道他姓什么，是哪里人。他住在姬家营，但行踪不定，飘来飘去，迹如神仙。人们对他的了解只是几个片段。

再见！丹江！

70 年前，从丹江岸边的一个小村子里，稀稀拉拉地走出一支送丧的队伍。没有响器，没有哭声。两个抬棺的人用树枝敲着薄棺，喊着："走啦！走啦！"薄棺前边，一个小孩扛着一幢白幡，白幡拖在地上，拖一路惨白的纸条。小孩的脖子里戴着一个银项圈，银项圈上缠满了红布条。

小孩就是三爷。贫穷夺走了他最后一个亲人。那年他刚满 12 岁，父亲还没来得及给他"卸锁子"就走了。

埋罢父亲的三爷没有回家，他戴着红锁子，顺着丹江向东走去。他不知道要往哪里去，但他知道丹江是一蔓瓜秧，他是这瓜秧上结的一个瓜，瓜离不开瓜秧，他顺着瓜秧走，瓜秧就不会让他饿死。

10 年以后，三爷已是丹江上一名优秀的水手。22 岁的小伙子，细马溜条，出落得像一竿勃勃青竹。在一个明媚的四月，三爷驾驶的货船顺流而下，过李官桥，过顺阳川，摇到埠口街。一河两岸都有丹江女子在洗衣裳，红红绿绿，像夹岸春花。撑船的小伙都胴体赤裸，引得洗衣女子花枝乱颤。这里是回水区，水流缓慢，船到这里后，水手们弯篙的姿势格外抒情，格外优美，两岸的杵衣声一下子凌乱犹疑起来。寂寞了一路的水手们就扯开了喉咙唱丹江渔歌，其中三爷的歌喉最特别，沙沙的，现在叫摩擦声。他唱：

> 洗衣的妹子哎，
> 你吃饱饭了无事忙，
> 摁着石头抡棒棒，
> 捶烂你的花衣裳。
> 小心回家挨男人打哒，
> 打肿你的俏脸庞。
> 不如跳上船，
> 跟我当船娘！
> 哎呀来！来来来来……

河两边的女子们有的笑，有的骂，有的抓一把沙子往船上撒。

有一个女子穿一件蓝底白花的紧身对大襟布衫，拖屁股长辫，离群独处。她没有骂，没有笑，也没有撒沙子，她在有紧没慢地捶着衣服，脸却高高地扬着向天上看。三爷好奇，不知天上有什么比光不溜溜的船花子们还好看的？他就顺着女子的目光扭着头也往天上看。原来天上有两只洁白的鸥鸟在优美地飞。鸥鸟飞过了他的桅顶，双双落到岸边的一棵大树上，交了一下颈。三爷回过头来，再看那女子时，女子却不见了。同时船上岸上都有人大叫："落水啦！落水啦！救人啊！"三爷往女子面前的水里看时，看见水里有一个小漩涡。

　　三爷没有犹豫，一猛子扎了下去。

　　这之后，就有了三奶。

　　1958 年，凤凰山下一声炮响，丹江口水库开工了。三爷三奶被红旗招上了岸，夫妻双双卷进了修建水库大坝的洪流里。第二年 3 月，丹江上游出现大桃汛，将刚修起的围堰冲开了一条 20 多米长的口子，凶猛的水头飞溅起冲天的浪花，吞噬着两端的坝体，迅速扩大着决口。民工们都愣了，眼看修了大半年的工程就要付诸东流。不知谁高喊了一声："为了子孙后代，共产党员们！下水！"霎时，所有的党员们，都把自己当作来不及运到的一袋土石，跳了下去，挽着手臂，密密地组成了一道人墙，阻挡住了肆虐的洪水。

　　这道人墙中，有两环并不是共产党员，他们是三爷和三奶。三爷是挽住三奶的胳膊跳下去的，他把三奶从水里拉起来，说："别怕！站好！"三奶吐了一口水，说："不怕！我跟你死到一起！"

　　他们没有死，他们与共产党员们一起，把水给堵住了。

　　两个月后，水库工地的高音喇叭里响起号召革命青年到青海支边的声音。三爷和三奶报了名。他们来到了青海省柴达木盆地的德令哈县，跟他们一起来的还有三奶的父亲。可是这里没有他们看惯的温柔的水，吹惯的湿润的风，只有沙漠，只有干旱，只有寒冷。第二年，三奶的父亲饿死了，三爷和三奶开始往老家逃。一天晚上，他们走到了陕西商南，忽然听到路边一个微弱的声音喊："兄弟，帮个忙呀。"借月光看时，是一个人抱着一棵弯腰枣树站在路边。三爷问："也是支边回来的？"那人点点头说："兄弟，我是回不了家了。你帮帮忙，把我推到树杈上，别让野狗吃，留个全尸吧。捎个信儿，我是三官殿的……"三爷是侠义心肠，要救他，说："兄弟，你坚持住，快到家了，我去给你要点吃的。"他要了一个馍，掰了一块喂他，可是那人紧闭牙关，已经断气了。三爷不忍心扔下他，把他拖到一个小坑里，搬些土垡子将他掩埋了。

三爷回到老家后，才发现自己已没有家了，方圆百里，一片汪洋，连往日的熟人也一个找不到了。欣慰的是，他又见到了水，又见到了丹江。他这辈子，家的观念不强，水的观念强，水就是家。他在水边结庵而居。不幸的是，三奶死了，是她坚持让父亲随他们一起到青海的，所以她对父亲的死深深自责，郁郁而逝。他们无儿无女。

人们都说，三爷是个侠客。他肯定一生做了许多好事，但行迹缥缈，无从搜罗，只听乡干部只言片语地讲了这么一些。

我们说："三爷，我们是来采访你的。"

三爷这才扭过头，着意地望着我们。"采访我个啥？乡里干部为移民的事整天忙死忙活，他们才有得采访哩。"

我们说："想听听你的故事哩。"

"我能有啥故事？老眼昏花的。"

"三爷今年多大岁数啦？"

"81 啦。"

"跟我父亲一个岁数，属兔。"

"我属水！"

三爷幽默上了。我们笑起来。三爷却一脸正经，说："我是水命！离开水活不成。那年上青海，不到两年，差点儿旱死到那儿。"

我们问："那你这次搬迁到许昌，那里也没水，你去不去？"

三爷说："去！咋不去？"

"不怕旱死？"

"旱死也得去！这次移民，国家总理也来，省委书记也来，市委书记也来，县委书记也来，乡里书记也来，都亲自往你家里跑，真把移民当亲人看待了。人不能不讲情义，别的不说，就冲这一个义字，咱不能说不搬的话。"

我们忍不住握住了三爷的手。

但我们还是看到三爷的眼睛湿润了。他伸出另一只手，抓住我们，说："不过，我知道，到了没水的地方，我活不过两年。要是国家允许，我想把骨灰撒到丹江里。你们是记者，帮我打听打听，中不中？"

我们答应了三爷，并安慰他："三爷，你一定能活到一百岁，你看你的手，比我们的手都有劲。"

三爷望着水面上的几只江鸥说："骨灰撒到江里，灵魂能变成鸥鸟吗？我总觉得飞在江面上的鸥鸟里，有一只是你们的三奶。可她个鳖孙，就是不下来……"三爷的一滴眼泪掉到了丹江里，溅起一朵很小的水花，像勿忘我。

我们辞别了三爷。走了很远回头看时，他仍坐在那块岩石上，仰望江鸥。粼粼波光映射着他，映射成一尊黑色的剪影，真的像一块奇石，价值连城。

13 刘忠献：让我再看你一眼

中学教师刘忠献出身淅川世家，从清朝到民国，从民国到现在，家里一直氤氲着书香气。但他家也是一户老移民，五脊六兽的古屋已被淹到了水里。而淹不掉的，是那缕书香。

2010 年 6 月，刘忠献的家又要搬迁了。他从学校赶回来，帮助家里搬东西。其实，对于他来说，家里的桌桌椅椅、盆盆罐罐都不重要，他操心的是藏在家里的书香，是那缕悠悠数世的刘家文脉。

开始往外搬东西了。他搬出了一个曾祖父留下的橱柜，剥落的漆，裂口的门，生锈的铜把手。橱柜里有一套《本草纲目》，一套《御纂性理精义》，一套《留青新集》……都是发黄的古版，看一眼就像看见了古人的白发，摸一下就像握住了祖宗的手臂。橱柜里还有曾祖母穿过的一件刺绣着龙凤、祥云、牡丹、梅花的裙裾，不知是不是曾祖母结婚时的嫁衣。一只存放印章、账簿、银票的桐木匣，象征着刘家鼎盛时期的财富。刘忠献又搬出了一架枣木织布机，黑红如铁，年不可考；一架栎木纺花车，祖母用过；一只清代青花瓷罐；一只民初的彩色仕女图瓷茶壶；一只被曾祖父的手摩挲得油亮光滑的药葫芦；一盏到江边抓鱼摸螃蟹用的马灯；一个他儿时帮母亲烧锅时呼呼拉动的破风箱……最后，他从一个墙窑里又摸出一个解放初期使用的黑釉子煤油灯，摸了一手老陈灰。

人们都笑他，这娃儿，净搬些不吃啦紧的东西！

搬完了。留下一座空屋。像一只蝉蜕。蝉在哪儿？他觉得蝉不是人，不是大立柜、弹簧床，不是那一堆粮食；蝉是曾祖父的那堆书，蝉是曾祖母的那件衣，蝉是那盏深刻着历史印记的煤油灯，蝉是他搬出的那堆不吃啦紧的东西。这只蝉蜕壳的时候很疼，蜕了壳就飞到了几百里外的一棵大树上。它会在那里绵延千年，绵延出一树书香。

该扒房子了。亲朋们和帮扶队员抬来了梯子，背来了大绳，准备上房揭瓦；然后，用绳子攀住墙头，拉，轰隆一声，蝉蜕就碎了。

父亲坐在堂屋的门槛儿上，不起来，闷闷地吸烟。他不起来便没

亲手推倒多年居住的老屋是一种痛。

法扒房子，帮扶队员们一只脚踏在梯子上，等着。

刘忠献也无法接受"轰隆"一声房子就没有了的感觉。他喊来了摄影师，拉起父亲，喊齐了一家人，站在门前照了一张全家福。但全家没一张幸福的脸，父亲的脸仍然闷闷地绷着，母亲用手背抹了一下眼睛。只有9岁的儿子高兴。

"笑一笑！笑一笑！"摄影师喊，好不容易喊出几个笑，"茄——子！"灯光一闪，OK！

老房子就固化在一家人的记忆里了。

"扒吧？"帮扶队员征求父亲的意见。

父亲还是犹豫着。

41年前，20来岁的父亲与母亲从拆除的马蹬古镇里，架子车把上挂着马灯，运回一块块古砖，建起了这座全村最轩敞气派的房屋。这是父母一生的骄傲和自豪。可是现在，自己胼手胝足、一滴血一滴汗建起来的房屋就要眼睁睁地被毁掉，父亲不忍心，他要尽可能地多看一眼。

"忠献，你说？"

帮扶队员们求助刘忠献。刘忠献也不忍，不答，趔向一边。他也想尽可能地多看一眼。他难以忘记，他家门口的墙橛上经常挂着一盏全村人都眼气的马灯，许多夜里丢了猪羊或走失了孩子的人家会来借他家的马灯，提着在丹江边上的树丛里游来游去，有一种梦幻感。他家的窗台上经常放一只大肚陶罐，里边盛着南瓜种、丝瓜种、黄瓜种、豆角种、萝卜种。季节到的时候，许多村里人会来他家扳着陶罐扒拉一阵，拣一把菜种，扬长而去。虽无一句感激的话，但父亲看着人家离去的背影很满足。他难以忘记，祖父总是坐在堂屋的石门墩上，眯着眼吸完两袋烟后，站起来捶捶腰，然后把烟袋挂在门楣处的

难舍难分母女情。

铁钉上。祖母常常把梳掉的头发绕成团塞在左边门框旁的一个墙洞里，积攒起来，货郎摇着拨浪鼓来的时候，给他们换糖吃。刘忠献望望堂屋右边门框旁的第三个砖缝，那是藏钥匙的地方，这秘密只限一家人知道。当然，最让刘忠献不舍的，是墙上的砖，房上的瓦。那是父母从已经扒成废墟的千年古镇马蹬驿捡拾回来的，有的来自古衙署，有的来自古驿馆，有的来自古寺庙，有的来自古茶肆。刘忠献平日坐在院里，看着古砖，能听见马蹬古城的风雨声，鸡鸣声，更鼓声，钟磬声，还有驿马走在石板道上的踢踏声……

刘忠献从墙上剜下 3 块土坯，6 块青砖，从房檐上揭下 9 片瓦，用纸包好，装进 3 个塑料袋里。又是一些不吃啦紧的东西。然后，他走到父亲面前，抚着父亲的肩头，说："爹，扒吧？"

爹这才吃力地站起身，轻轻挥一下手："嗯，扒吧。"

几个帮扶队员蹭蹭地爬上了房顶。

第二天，2010 年 8 月 29 日，刘忠献一家搬迁到了 400 里外的社旗县大冯营镇。他怕那一堆不吃啦紧的东西被碰坏了，专门要了一个车。

14 王秀华：告诉总理个好消息

王秀华老太太 102 岁了，是这次南阳大移民中年龄最大的移民。县里来了救护车，跟着医生护士，要让她坐救护车去邓州市张楼的新家。老人身体很硬朗，耳聪目明，她说，我还能放羊、撵鸡子、种菜

102 岁的王秀华老人告别丹江。

呢，你们别把我看恁娇嫩。她非要坐大车跟大伙儿一起走，说热闹。政府不放心，就让医生给她检查身体。量血压，听诊，号脉，忙了一阵，医生说，哎呀老太太！你的心脏像 30 岁人的心脏啊，没问题，上车吧。但政府还是派妇女主任陪着她。她戴了一顶红色的旅游帽，穿一件蓝底黑花的鸡心领汗衣，胸前别一朵配有绿叶的大红花，俏死了！

2010 年 7 月 13 日——王秀华不记阳历，她习惯记阴历，那天是阴历六月初二，她从淅川香花镇南王营搬到了邓州。南王营，知道吧？丹江口水库水边儿起，温家宝、李克强，两任总理都去过，可出名了！

王秀华的新家仍叫南王营。从前是淅川香花南王营，现在是邓州张楼南王营。在香花南王营，住的是土坯屋，黑咕隆咚；在张楼南王营，住的是小洋楼，窗明几净。在香花南王营，睁开眼就是一片水，几只船；在张楼南王营，睁开眼就是一条公路，几辆汽车。在香花南王营，听着江里的水鸟声醒来；在张楼南王营，听着汽车喇叭声醒来。太不一样了。但老人没觉得不适应，她是随遇而安的性格，所以她能活大岁数。

王秀华家住的是两层小洋楼，楼下三间房带有标准的现代化厨房，宝丽板灶台，电饭锅，电磁炉，抽油烟机；还有一个粘着瓷砖的茅房，太干净了！年轻人都叫卫生间，解了手，一摁，哗——都冲跑了，以后用啥浇菜园哩？楼上三间卧室，前面是个大客厅，客厅里放个大电视，说是叫有线电视，比在老家时的电视节目多多了，想看啥戏看啥戏……老太太一辈子守在水边，没见过外面的世界，只觉得新鲜，像孩子一样好奇。

六月初二。她记性好，不会忘记那个日子。就是从那天以后，她由一个山里人变成了平地人，由一个水鸭子变成了旱凤凰，由一个只知道南王营的人变成了一个知道天下的人。那天刚到屋，南阳市副市长就来看她来了，问："大娘，满意不满意？"她紧紧拉着副市长的手说："满意得很！我们全家感谢党，感谢政府！"

今儿是六月初九了，来邓州8天了。夜里，她从玻璃窗里看见月亮了。睡在屋里也能看见月亮，这也让王秀华新奇。她望着月亮睡不着，就想起了8年前温家宝总理来南王营的事。杨有政个娃子有福，温总理拉着他的手，坐到场里跟他拍话，临了还跟他合个影。那天人多，她挤不到跟前。但温总理说的话她都听见了。温总理说："将来你们搬迁了，房子一定会比三峡移民的房子好！""宰相"说的话啊，丁是丁，卯是卯啊！现在是住到天堂里了，住到月宫里了。两千多里，温总理知道不知道啊？不知道吧？那么忙，咋会能记住芝麻大

在新家种菜的王秀华。

个南王营？咋会能知道南王营有个 102 岁的老婆子住上了他答应过的好房子？

于是，老太太突然异想天开，要给温总理写一封信。

这天她起得很早。词儿夜里已经想好了，但她不会写。她也认几个字——"南水北调，利国利民。"她老是念，但拿着笔写时，手光抖，写得歪歪扭扭，总理见了笑话。她喊来了孙娃媳妇何玉："玉，你来，给我帮个忙。"

"啥事？奶。"

"替我写封信。"

"给谁写信？"

"给温家宝总理。"

孙娃媳妇笑起来。

"啥事？奶。"

"给温家宝总理报告个好消息。"

何玉找来了笔、纸，望着奶奶眯眯地笑。

"奶，咋写？"

"我说，你写。"

"说吧。"

"亲爱的温总理：您好！"

孙娃媳妇"忒儿"一声笑出声来。

王秀华说："你给我正经点儿！别给字写歪了！"

于是孙娃媳妇就严肃了脸，说："奶，你说吧！"

下面，是王秀华老人写给温家宝总理的信的全文：

亲爱的温总理：

您好！俺是河南省丹江口库区的移民，托共产党的福，俺活到 102 岁，耳不聋，眼不花，能吃能喝还能唱山歌，都说俺是老寿星。

俺今天要告诉您一个好消息：农历六月初二，俺淅川县香花镇南王营男女老少九百多人，全都搬进了邓州市张楼乡移民新村。

南王营村，您还记得吧？2002 年 5 月 8 日，您从湖北过丹江到俺村看望乡亲们。当时，您说一定要把我们安置好，"将来你们搬迁了，房子一定会比三峡移民的房子好！"您走后，省里、市里和县里都很努力，移民们也积极配合，自打去年以来，全县的移民搬得很顺利。

搬进两层小洋楼，俺对儿孙们说："人家总理说的话都实现啦！"楼上楼下，电视电话，出门全是水泥路，拐弯就能进超市……要多美气有多美气。

平平安安大搬迁，移民干部可不简单。

淅川县的干部给俺买来新衣、新鞋、新袜子，邓州市的干部给俺送来了大红包。南阳市的领导还专门到新家来看俺哩。共产党真是跟咱百姓心贴心。

俺说：要争口气，再活个 100 岁，美美地过太平日子，盼到总理再来南王营看看俺村的新变化！

王秀华口述　何玉记录

2010 年 7 月 20 日

15 姬家营搬迁长镜头

2009 年 8 月 16 日，一个原本普通的日子，却因一场不同寻常的搬迁而被赋予了特殊的历史意义。

这一天，作为南水北调中线工程丹江口库区首批试点搬迁的移民，淅川县滔河乡姬家营村 71 户、253 人，开始了人生中一次里程碑式的迁徙。10 点 30 分，数十辆大客车和大货车将准时出发，把他们送往几百公里外的许昌。

姬木匠背了几只柳木椅子往大货车上装，一头汗珠子。他看见自己的小白了，小白平常生龙活虎，像一头小狮子，一见他就撒欢。可是它今天却卧在地上，嘴噘着，很不高兴。木匠擦擦汗，蹲下身，去抚摸它的头，可是小白却爬起身，向一边跑去。木匠摇摇头，说："唉！连狗都不想走啊！"

不远处，村长正带领着村里几百名村民，向着村子方向跪下去。他们身后，一辆辆卡车已装满家当，车头和车身上写着"移民光荣"的红布在阳光下红得耀眼。不远处有土坟，土坟上冒着青烟，那是移民们最后一次给祖坟烧纸，烧得很多，大捆大捆的。因为今后，祖坟就要被大水淹没了。

搬迁：坛坛罐罐都牵情。

突然，轰隆一声巨响，有一股呛人的黄雾汹涌过来。站在记者身旁的 91 岁高龄的高新荣老人捂着嘴剧烈地咳嗽起来，一边咳一边说："这是我一块砖一块砖垒起来的呀，我大半辈子的心血都用在这座房子上了。不是国家号召，谁动我一块砖，我都会跟他拼命的呀！"

阳光热烈地照耀着姬家营。树上和还没有推倒的墙上，到处扯着大红横标："轻装搬家！""和谐搬迁！""移民光荣！"房子被拆得七零八落，大多已经变为废墟。废墟旁边堆着家具、被子、大包小包的衣物、粮食袋子、锅碗瓢勺。收废品的、收木料的、收旧砖瓦的……到处都是。

在村南头开小吃店的张改勇，卖完最后一碗面后关了门，并将小吃店里剩余的土豆、辣椒、番茄、菜花，一袋袋装起来。小吃店得赶快扒呀，不能落到别人后边。

对张改勇来说，虽祖祖辈辈生活在富饶的丹江边，但搬家却成了

移民搬迁现场收废品的老人。

他家的宿命。1973年，他家从157米水位线下搬到姬家营；1978年，又从162米水位线下搬到现在的房子里；现在，又要搬了……

前两次搬家，张改勇记忆模糊，但对年近七旬的父亲张常建来说，可谓刻骨铭心。1978年搬家后建的土坯房，位于172米水位线下，因为停建令，几十年一直不敢新建，雨天外面大雨屋里小雨。一次张常建上房去捂窟窿，跌下来，昏迷了半个多月，落下残疾至今。

15日下午，搬迁指挥部一声令下，开始装车了。扒下来的檩条、椽子上车了，大衣柜、席梦思床上车了，电视机、摩托车上车了，刘新娥家的酸菜缸上车了，张改勇家的土豆也上车了……

38岁的姬振波光着上身，蹲在自家被拆了房顶和前墙的房子前，低头用瓦刀砍砖。"说心里话，国家对我们的安置不错。我看过新房，比我们老房好得多。""那你还砍这些砖头干什么呢？"姬振波回答说：

"舍不得扔。当初一块一块捡回来，金贵得很。现在扔了可惜。把灰砍掉，能带走带走，带不走了送亲戚。"

老支书姬平安家，3 个在外地打工的儿子纷纷赶了回来。一家 14 口人，加上来帮忙的亲戚，几十个人忙着把桌椅床柜、盆盆罐罐往车上搬。32 岁的大儿子姬建书说："说实话，也不想走。但国家需要，咱得服从国家。早晚得搬，早搬早安生。" 68 岁的姬平安旧家具都舍不得扔，甚至要带走两只挑茅粪的烂木桶，他说："这是 30 年前我亲手箍的，扔了舍不得。"

穿过几处残垣断壁，矗立着一架山墙。山墙上攀一根大绳，一群人拉着绳子，嗨嗨地喊着节奏。山墙晃动着，轰一声就倒了。记者迎着扑面的灰尘走过去，问："这是谁家呀？"几个声音回答："支书家。""支书呢，谁是支书？"人们回答："谁知道跑哪儿去了，我们都是他的亲戚。他顾不了家，家也顾不了他了！"

91 岁的高新荣是这次搬迁中年龄最大的移民。在搬箱子时，腰给闪了，这时坐在已经扒过的院里吹电扇。她也是搬过几次的老移民了，但她脸上没有愁容，显得很兴奋，指挥这指挥那的。一辆救护车开过来，下来几个医生护士要抬她上车。她不想上车，想坐在院里看着儿

再见，再也回不来的家。

孙们装东西。她用拐棍敲着地说："现在共产党真好，给俺照顾好多钱，照顾盖房子，照顾看病，啥都照顾。"

62 岁的姬吉栓在摇着辘轳打水，哗啦啦放下去，叽咛叽咛摇上来。"大爷，是不是要带桶老家的水到新家呀？"记者问。老人说："不用。听说许昌到时候也要吃咱老家水哩。""那你打水……"老人笑起来："玩哩。不知许昌那儿有没有辘轳？"

晚上 8 点 55 分，温振英家的面条煮好了，纯粹的白水煮面条，油盐酱醋大葱白菜都装上车了，不好往下拿，最后一顿饭，将就着吧。温振英从小卖部里买了一件啤酒，两袋海带丝和萝卜条，盛好饭摆在桌子上，招呼帮忙的人过来吃。好在忙了一天，很饿，哧溜哧溜，一片响声，大家吃得很香。

那一夜，没有风，整个姬家营，砰砰当当，一直响到天明。

2010 年 8 月 16 日，早晨 5 点 40 分，记者从滔河乡政府赶往姬家营。一路上，拉着移民家什的数十辆大型卡车已经浩浩荡荡地出发了。人还没走，人都集合在临时平整好的广场上，等待着市县领导来给他们举行欢送仪式。

记者走进村中，迎面遇见李海明的姐姐李海华。"昨晚装车装了一晚上，也说了一夜话，可是，总觉得还有好多话没有说。"李海华说，她正急匆匆地朝欢送会场里赶，赶在上车前跟娘家人再说说话。

一名中年妇女急慌慌地奔过来，跑到一堆破砖烂瓦前，拎起一只锈迹斑斑的下水道铁篦子就走，见记者看她，她不好意思地停下来，说："唉！穷家难舍，连一根棍都不想留下！"

6 点 30 分，老弱病残者已经坐上了豪华大客车。高新荣老人坐在 7 号车内，戴一顶红色旅游帽，望着车窗外，两眼像孩子一般新奇，四下轮着。车前面，抱着 5 个月大的女儿的姬杨晓与父亲姬吉栓站在一起。记者问她心情如何时，她只说了一声："反正……"就咬住了嘴唇，转开了脸。54 岁的耿淑红一下一下抚摸着女儿怀里的外孙女的脑袋，眼里汪着泪。女儿说："妈，过几天我就回来，回来多住几天。"

姬家营移民紧紧拉住亲人的手，不忍离去。

7 点 20 分，欢送仪式结束，253 名移民登车。车上车下，人群都很平静。可是，当指挥长一声令下："出发！"汽车引擎轰轰一响，车上车下便都哭了起来。70 岁的肖玉敏紧跟着女儿乘坐的客车奔跑，一边跑一边挥手，喊着："妮儿！妮儿！"眼泪哗哗地流。43 岁的柴华林拉着车窗里姐姐的手不松手，跟着车往前跑，许多人喊着："危险！快松手！"

从姬家营到淅川县城，车队缓缓前行。沿途的村子、小镇，在路旁放起鞭炮，扯起标语。淅川县城，万人空巷，人山人海，不曾相识的故乡人，那么深情地挥着手，舞着花环，洒着告别的泪水……

别了，我的家。别了，我的山。别了，我的水。别了，我的县城……

告别不了的，是 253 个移民对故乡的思念。

他们的故乡是南阳，淅川，姬家营。

延 伸 阅 读

新时期南水北调移民补偿

一、移民个人补偿标准

（一）农村居民正房补偿单价。正房：框架 735 元 /m²，砖混 530 元 /m²，砖木 479 元 /m²，木 394 元 /m²，土木 384 元 /m²；偏房：砖混 530 元 /m²，砖木 359 元 /m²，木 296 元 /m²，土木 288 元 /m²，附属房 210 元 /m²。

（二）城镇居民房屋补偿单价。正房：框架 735 元 /m²，砖混 571 元 /m²，砖木 493 元 /m²，木 406 元 /m²，土木 396 元 /m²；偏房：砖混土 571 元 /m²，砖木 370 元 /m²，木 305 元 /m²，土木 297 元 /m²；附属房：217 元 /m²。

（三）附属建筑物补偿单价。砖石围墙 53 元 /m²，土围墙 41 元 /m²，门楼 506 元 / 个，烤烟房 438 元 /m²，混凝土晒场 49 元 /m²，三合土晒场 33 元 /m²，散畜圈 150 元 / 处，粪池 100 元 / 处，地窖 180 元 / 口，水池 150 元 /m³，压水井 350 元 / 眼，大口井 1000 元 / 眼，沼气池 1200 元 / 口，有线电视 150 元 / 台，电视接收器 50 元 / 套，电话 360 元 / 部，炉灶 150 元 / 个，旗杆 10000 元 / 根。

（四）移民搬迁费。包括搬迁运输费、途中食宿费、搬迁损失费、误工补助费、临时住房补助费、车船补助费等，以上按照搬迁远近确定。其中途中食宿费，县内45元/人，出县外迁95元/人；途中医药费10元/人，路途意外伤害保险25元/人。

（五）零星果木。果树中，结果80元/株，未结果10元/株；经济林中，成树50元/株，幼树10元/株；用材林中，成树15元/株，幼树8元/株。

（六）其他项目补助单价。移民新村双瓮厕所、沼气池2000元/户，过渡性生活补助1200元/人，渔船900元/吨，渔具300元/套，网箱8元/m²，库汊网具10元/m²，坟墓迁移1000元/座，出县外迁移民生活补助费1200元/人。

二、外迁移民生产安置费标准

外迁农村移民生产安置费为人均2.3万元。

平均每人一次性投入生活生产补贴约7万元；搬迁后还享有20年的后续生活补贴。

想带母亲回一趟淅川

高 金 光

现在　母亲躺在唐河的泥土中睡下了
我想把她叫起来　带她回一趟淅川
母亲不识字　回淅川的路又陌生
她一个人怎么回去　何况
唐河的泥土太清冷　又孤寂
母亲肯定是睡不好的

我要告诉母亲　到淅川
到咱的家　水田营
需乘长途客车　一路向西
经南阳　镇平　内乡　西峡
过白河　灌河　丹江　滔河
这条路一定要记住　以后想回来
灵魂就不会迷失方向

水田营　母亲生我的地方
她从二十岁就没怎么离开过的地方
最后却未能看上一眼
就从郑州直接搬进了唐河　确切地说
从郑州的病床上搬进了唐河

三月离开村子时　还在掐指头算日子
到七月已连掐指头的力气也没有了
她期待的搬迁仪式没有赶上
上边发的红花也没有佩戴

可怜的母亲　咱们启程吧
回到咱熟悉的水田营去
那里的山青翠　土温暖　水甘甜
虽然房子已经拆掉　树木已经拔去
牛羊已经不在　鸡鸣已经消失
可家的气息依然在空气中芳香

母亲　你要仔细地闻一闻
然后安静地睡个好觉　做个香梦

伟大的担当，永久的使命

壮丽明净的南阳陶岔渠首闸。

1 南阳：把政绩融在碧水里

16.5万移民顺利搬迁了，1432公里的南水北调中线干渠顺利通水了。两大任务，不管两年也好，十年也好，皆指日可待；而另一个看似不太沉重的课题，却绵绵无绝期，成为南阳人永久的使命，将被子子孙孙所承载。那就是护水，保护渠首水源，保证一渠清水永续北送。

有专家说，南水北调成败在水质，水源地保护是决定中线工程成败的关键因素。

一点儿不错，要是一渠污染的水，国家花费两千多亿元搞南水北调中线工程有什么意义？

南阳人懂得这一点。

南水北调中线工程开工以来，每年的全国两会上，南阳代表团都成为全国各大媒体追逐的对象。他们采访的热点，就是不厌其烦地追问南阳如何保护南水北调中线工程的水源地生态环境，确保一渠清水永续北送。每一次，历任南阳市委书记都回答得坚决、干脆、利落：为了一渠清水安全永续北送，南阳人不讲条件，不计代价；我们的口号是，把政绩融在碧水里，把丰碑刻在青山上；我们的理念是，保

2013 年全国两会期间，时任南阳市委书记穆为民接受记者采访。

不了水是罪人，保不了发展是庸人。

在 2013 年的全国两会上，时任南阳市委书记穆为民接受了光明日报记者的采访。记者穷追不舍的，就是南水北调水源保护问题，穆为民代表南阳 1300 万人民的回答让记者满意，让与会代表和委员们满意，也让京津人民满意。

记　者：南阳怎么处理好经济发展与生态文明建设的关系？

穆为民代表：我们正在探索一条绿色发展之路。2012 年 8 月，河南省政府发文支持南阳建设高效生态经济示范市。最近我们又被环保部确定为第五批全国生态文明建设试点地区。根据规划，南阳将着力打造绿色安全生态体系、现代农业产业体系、高效生态产业体系、生态宜居新型城镇体系、内陆开放型经济体系、移民安稳致富保障体系等 6 大产业体系，力争到 2015 年在生态系统建设上取得显著成效，初步构建生态文明社会。

记　者：你们采取了哪些具体措施？

穆为民代表：南阳坚持生态立市，仅去年就完成新增造林 104 万亩，全市已建成林地 1276 万亩，约占全省的四分之一，全市森林覆盖率提高到 34%。全市自然保护区达到 8 个，总面积 20.85 万公顷，占全市国土面积的近 8%，约占全省（自然保护区）面积的四分之一，另外还创建了国家级及省级生态示范区 4 个、省级生态文明村 70 个、市级生态文明村 59 个。我们严格项目审批和环境准入，围绕发展生态工业和循环经济大力推进"转方式、调结构、保增长"，坚决拒绝"两高一资"项目。

记　者：作为国家南水北调核心水源地，南阳怎样加强水源地生态建设？

穆为民代表：水源地保护事关国家发展全局，是南阳生态文明建设的重中之重。"十一五"以来，我们以壮士断腕的决心关停污染企业 800 多家，使污染物排放减少了 75% 以上；实施水污染防治和水土保持项目 103 个，使库区森林覆盖率达到 53%。我们还大力发展林果、中药材、食用菌等生态农业，累计完成小流域综合治理 60 多条，治理水土流失面积 1300 多平方公里。《丹江口库区及上游水污染防治和水土保持规划》累计完成项目投资 9.29 亿元，丹江口水库水质保持 II 级以上标准，可以直接饮用，完全达到了调水要求。

——2013 年 3 月 6 日《光明日报》

2015 年，南水北调中线已经通水了，京津人民喝上了由南阳送去的甘甜的丹江水，但人们仍放心不下。这年的两会上，记者们仍在追着问穆为民：

　　记　者：一渠清水北送圆了一个世纪之梦。眼下，不少地方已经吃上甘甜的丹江水。是否意味着南水北调工程这厚重一页已翻过？

　　穆为民：水通了只是新开端，任重道远，还需要咱继续发扬"蛮拼的"精神。南阳作为南水北调中线工程的核心水源地，探索建设高效生态经济示范市是确保一库清水永续北送的责任所系，更是 1000 多万南阳人民实现全面建成小康社会目标的希望所在。保护好一渠清水，短期靠关、停、并、转，但根本上还要靠改革创新、靠转型发展。南阳市坚持以水质保护倒逼生态文明建设，以生态文明建设引领绿色发展，着力在高效、生态、经济的结合点上做文章，坚持经济建设与生态文明建设一起推进，物质文明与生态文明一起发展，产业竞争力和环境竞争力一起提升，推动经济、社会、环境"三重转型"，真正把丰碑刻在青山上，把政绩融在清水里。

　　　　　　　　　　　　——2015 年 3 月 9 日《经济日报》

　　为了一渠清水安全永续北送，南阳全市上下树立机遇意识、政治意识和持续作战意识，坚决做到"三个确保、三个杜绝"：确保丹江口库区及其流域内水功能区水质稳定达标，杜绝各类水污染事件发生；确保南水北调水源区和调水运行区不受任何污染，杜绝各类违规违法行为发生；确保工程安全运行，杜绝各类意外事故发生，全力服务保障中线工程运行。

南阳市环境监测站技术人员在对渠首水质进行现场采样。

与之配套的，是八项制度：一是日常巡查制度。由市、县、乡、村、组"五大员"每月开展一次拉网式大排查，确保层层有人抓，处处有人查。二是部门联席会商制度。一月一研判形势，一月一化解问题，全面加强组织领导和统筹协调。三是宣传教育制度。在市县乡三级建立宣讲团，营造保水质、护运行的良好氛围。四是严防严管制度。完善工程防护网和电子监控网，确保全域覆盖、正常运行、不留死角、不留空当。五是环境综治联防制度。构建横向到边、纵向到底的立体综治体系，将工业点源与农业面源一起监测、生活污水和垃圾一起防治、减少污染和扩大环境容量措施一起推进。六是应急处置制度。制订完善预案、组建应急队伍，做到有预案、有防范、有处置。七是科学监测评价制度。计划用 3 年时间全面建成在线自动化水质检测系统，确保实现水质监测三级监管全区域覆盖。八是责任追究制度。明确县乡村各级行政一把手是第一责任人，作为本辖区"保水质、护运行"工作的责任主体。同时，建立举报有奖制度，接受群众、社会和媒体监督，每月对工作开展情况进行督察和综合排序评比，全面加强监督考评和问效追责。

"把丰碑刻在青山上，把政绩融在碧水里。"这不仅是南阳人的豪言壮语、施政口号，也是南阳人永久的承诺和誓言，更是南阳人永远的牺牲和奉献。

2 企业老板：断臂求生

当许多地方以牺牲环境为代价拉动 GDP 增长时，淅川县明确提出，咱们淅川是南水北调水源地，衡量干部的政绩不能与外地一样，我们必须与保护生态环境联系起来，树起一把绿色尺子。2002 年出台了《党政一把手环境保护工作实绩考核办法》，全县实施环保考核一票否决制。可以说，淅川是全国环保考核最严的县。

于是，一个一个企业关闭了，许多企业的老板流了眼泪。我们无法准确描写这些老板们当时的身心状态。

邹旭德，从丹江口库区走出来的大学生。他当过农民，做过淅川泰龙纸业有限公司的副总。现在，又回家承包荒山，成了林果专业户。从企业家到农民，从他的身上，可以揭开一渠清水北流的背后，南阳人所背负的沉重，还有因沉重而奋起的精神。

淅川泰龙纸业有限公司在淅川县城的东南角，出淅川县城，抬眼看到的就是泰龙纸业高大气派的大门。这里曾经车水马龙，高工资，高福利，全县瞩望。2011 年的时候，泰龙纸业的大门还在，可是已经破落陈旧，门可罗雀；门两旁巨大的几块招牌不见了，门头上泰龙纸业四个鎏金大字虽然还在，但已风剥雨蚀，黯然无光。

接待记者的是一个 50 多岁的人。他手里拎了一串钥匙，哗啦啦地响。

领路的人喊他赵主任。他说："兄弟们，你们就别再叫我赵主任了！老赵！看门老头老赵！连公司都没有了，哪儿还有赵主任？"

这时记者才明白，看门的老赵就是当年泰龙纸业的办公室主任。

赵主任领记者参观泰龙纸业的厂房、车间、化浆池、库房。厂子很大，一片死寂，杂草埋人，空旷得有些恐怖。

赵主任最后领记者到办公楼，这是一座六层办公楼。每到一层老赵都要打开两间让我们看一看：这里是财务部，这里是销售部，这里是人事部……办公室里的桌子、电脑、沙发、档案柜、洗脸架都原封不动地摆着，但都落了厚厚的灰尘。有 3 个办公室是一尘不染的，一间是总经理办公室，一间是副总经理办公室，还有一间是综合办公室，即原来老赵的办公室。在综合办公室里，记者看到办公桌上一字摆着 3 部座机电话，可见当年业务的繁忙。3 部电话都擦得锃亮，记者顺手拿起一部，听筒里只有忙音。老赵苦笑一下："停了，早停了！"

"这 3 个办公室里还有人办公吗？"记者问。

老赵摇摇头。

"既然没人办公，为什么连电话都擦得这么干净？"记者望着老赵，像读一部充满悬念的书。

赵主任介绍：泰龙纸业前身是淅川县造纸厂，成立于 20 世纪 70 年代。当年，泰龙纸业是全国最大的龙须草制浆造纸基地，年产值 2 亿多元，年税利 2300 多万元，这在 20 世纪末是个天文数字。后来企业改制了，成立了泰龙纸业有限公司，业务扩大，年产值 10 来亿元。全公司员工 3000 多人，是淅川县最大的企业了。"光我这办公室就有十几个人办公，而且忙得喘不过来气。厂里整天都是车水马龙的，卖龙须草的、拉纸的，都排着长队，一排几里长。"赵主任停住话头，陷入对往事的怀念，眼里涌上了泪花。"现在，就剩下我一个人了，叫留守人员，就是看看大门，别让拾破烂的把门窗卸走了。没事儿的时候，我就把当年总经理、副总经理和我自己的办公室打扫打扫，整理得和当年上班时一个样，有时我会坐在办公室里发一会儿呆……"老赵的眼泪终于流了下来，连忙转过身去，用手抹了一把。

平静了许久，记者才敢往下问一声："这么大的企业，为啥说停就停了？是不是环保不达标？"

老赵从他的办公桌里拿出一个文件袋，抽出一份文件摆在记者面前："你看看这是啥？"

是河南省环保局颁发的泰龙纸业环保环评达标证书，大红公章下面的日期是 2001 年 3 月，而工厂正是在 2001 年 3 月后关停的。

记者疑惑地问："既然环评达标，为啥还要关停？"

老赵说："为啥？为了南水北调啊！国务院总理朱镕基说了，南水北调要先净水，后调水。咱是南水北调的源头，县里说了，要做到零污染。零污染，你知道吗？作为一个造纸企业，是不可能达到的，唯一的办法就是关停。于是，为了国家，为了北京，泰龙纸业就只好关停了。"

"那 3000 多工人怎么处理了？"记者问。

老赵说："都回家了，当农民去了，有的到南方打工去了，有的正在忙着搬迁。"

"那老板呢？就是总经理们呢？"

"一样，也回家当农民去了。"

记者想采访采访当了农民的总经理。老赵就帮忙联系上了原泰龙纸业有限公司副总经理邹旭德。

记者来到丹江口水库东岸宋岗码头，连人带车一起上了大型摆渡船，横渡水天一色的亚洲最大的人工湖。在仓房镇下船，继续乘车往山里头开。山越来越深，路越来越窄，越来越陡，司机不敢开，只好下车步行。走着走着天就黑了，深山里的黑，黑得密密实实，有一种凝固感，让人领略了什么叫伸手不见五指。同样密实的，是浓浓的什么花的香味，一直香到人的肺腑里。向导说，这是橘子花的香味，这里满山满坡都是柑橘林，邹总种的。

终于看见前边有一豆灯光，那是一间简陋的茅屋。走进茅屋，一个留着平头、古铜色脸膛的人迎了出来。他走路的脚步声很重，让人不由得想到了一个俗语："一步一个脚印。"

他就是邹旭德，我们跑了一天要找的人。

茅屋里地方很小，简单的桌椅。没有电，点的是油灯，飘飘忽忽，几次都差点儿灭掉。这使我不由得想起了上午在泰龙纸业办公大楼里见到的副总经理办公室，从加拿大进口的会转的老板椅，能占半间房的老板桌，真皮沙发、豪华吊灯……他的人生落差，可是比老赵大多了。

记者自我介绍："我们是从你们原来的泰龙公司过来的。说实话，你觉得泰龙公司关掉亏不亏？"

邹旭德有些激动："亏！当然亏了！要是在调水区以外，我们的企业肯定关停不了。我们的排污已达到国家乙级标准。可是调水区内要求零排放！这是一个极限，无论哪家造纸厂也无法做到。一个零排放，把泰龙判了死刑，多少个夜晚，都睡不着觉啊……可是，一个年产值10亿、8亿的企业，与南水北调工程相比，损失是九牛一毛呀，这道理咱懂，这觉悟咱得有啊！"

"工厂关停了，你手下的员工都干什么去了？"

邹旭德听了脸色变得凝重起来。他说："有的回家务农，有的出外打工，有的做小生意，有的拉三轮车。3000多职工呀，失业给他们带来的灾难是无法想象的。不仅如此，不仅是3000名职工。淅川人有句俗话：淅川两大宝，黄姜、龙须草。淅川漫山遍野都是龙须草，年产580万吨，农民每年卖草可收入31.3亿元，这是造纸的好原料。可是现在泰龙纸业没有了，龙须草都沤朽在山上。所以，关闭了一个泰龙纸业，等于关闭了一个淅川人民致富的产业链啊，掐断了数万淅川人的生路啊！"

邹旭德低下头，伸手端起一杯酒。在他仰脖喝酒的一瞬间，记者看见了他两眼里闪动的晶莹的泪花。

第二天早晨，邹旭德领着记者参观他的橘园。像丹江水一样的浓绿包裹着记者一行，橘花的异香让人沉醉。而邹旭德边走边谈的二次创业的经历，让人觉得淅川人的胸怀比丹江口水库的水还要浩渺，淅川人的风格比淅川的山还要崇高。

邹旭德说："泰龙关停后，有十几家大型企业聘请我，我都谢绝了。我是淅川人，喝着丹江的水长大。淅川养育了我，我就要为淅川做点事，为淅川的南水北调做点事。泰龙的产业链断了，影响了几万人的生计。龙须草种不成了，黄姜也种不成了，能不能在种龙须草和黄姜的山坡上种上柑橘？淅川人丢了两个宝，能不能再捡回一个宝？爱国诗人屈原两千多年前写了《橘颂》，他颂的可就是咱们淅川的橘子啊。所以，我下决心当个农民吧，回家，种树，种橘子。我在仓房和毛堂两个乡承包了13000亩山地，10来年了，你看，橘树长得多旺。山上的农民都是我的工人，我给他们土地承包费，还给他们开工资，收入不比原来少。更重要的是，这里是丹江库区沿岸，大片柑橘组成环库林带，极好地保护了这片区域的生态环境，也算为市里提出的'把丰碑刻在青山上'出一份力吧。"

邹旭德真的让记者感动。但淅川县被关停的不止泰龙一家企业，浴火重生的凤凰也不止邹旭德一个。记者手头有一份淅川县政府的工作简报，上面统计：自 2004 年以来，全县共关停达不到零排放的企业 127 家，其中，年产值超亿元的 4 家，直接经济损失达 6.75 亿元，造成 10000 余名工人失业或转产。爆破小矾窑 100 余座，查封矿山采洞口 80 余个，先后否定了 6 个大型项目选址方案，终止了 10 余个中型建设项目，取缔了 20 个违规项目。

为了保护一库清水，自 2003 年起淅川县在几乎没有补偿的情况下，以壮士断腕的决心和气魄，对 300 多家造纸、冶炼等企业实施关停并转。

2002 年以前，淅川县工业对财政的贡献率占 70% 以上；大批企业关闭后，来自企业的财政税收下滑近 40%，经济损失 150 亿元以上。一个山区小县，为了南水北调，付出了多么大的牺牲啊！让人欣慰的是，淅川有这么多识大体、顾大局的百姓，有这么多敢于牺牲、勇于奉献、百折不挠的企业家。淅川不哭，淅川不倒；淅川，顶天立地的淅川！

3 网箱渔民：舍小家为国家

　　网箱养鱼曾是淅川县的重点产业，更是整个丹江口水库渔民的重要经济来源。

　　由于修建丹江口水库淹没了大量土地，淅川库周人均耕地不足0.5亩，库区群众生活十分贫困。

　　1997年，根据《国务院批转农业部关于进一步加快渔业发展意见的通知》，淅川县委、县政府制定了《关于加快水产养殖业发展的实施意见》，提出了"开发水面，水兴淅川"的战略，制定了雄心勃勃的"百里万箱下丹江"的网箱养鱼发展目标。

　　1999年，淅川县委、县政府又制定了《关于进一步加快水产开发步伐的意见》，规划到2003年丹江口库区天然网箱保持在1万箱、投饵网箱发展到1万箱的"双万"发展目标。网箱养鱼被淅川县委县政府作为全县支柱产业来抓，当作"一把手工程"、"帽子工程"强力推动。

　　2007年，淅川成为"河南省十大水产重点县"之一。网箱养鱼成为淅川库区群众脱贫致富奔小康的主要途径，沿库群众80%以上的经济收入来自网箱养殖。

2013 年 6 月，淅川县组织力量对丹江口库区网箱进行调查统计，淅川境内共有网箱 54729 箱，养殖船 604 艘，冷库 78 座，水产品加工厂 6 个，涉及养殖渔民 3216 户、1.2 万人，2013 年年产值 16 亿元。淅川渔民尝到了网箱养鱼的甜头，积极性很高，远远超过了县里定的"双万"指标。

淅川县网箱养鱼。

就在淅川库区群众网箱养鱼兴头正高的时候，晴天一声霹雳，把成千上万的养鱼人震蒙了。

2014 年 2 月 16 日，国务院公布《南水北调工程供用水管理条例》，第二十六条规定：丹江口水库库区和洪泽湖、骆马湖、南四湖、东平湖湖区应当按照水功能区和南水北调工程水质保障的要求，由当地省人民政府组织逐步拆除现有的网箱养殖、围网养殖设施，严格控制人工养殖的规模、品种和密度。

网箱养鱼，特别是投饵网箱，容易造成水体富营养化。检测表明，丹江口水库总氮超标，主要原因是网箱养鱼数量过大，饵料残留、鱼类粪便、鱼药及养殖户生活垃圾，形成四大污染源。按照中科院微生物研究所有关专家预测，丹江口水库网箱养鱼的污染物数量，相当于一个 30 万人口的城市污染物排放量。20 世纪 90 年代，四川、湖北等地，因网箱养鱼造成水体发黑、发臭，致使水库鱼虾等生物全部灭绝。

　　国务院的文件里，把丹江口水库库区和洪泽湖、骆马湖、南四湖、东平湖湖区同列，没有对丹江口水库进行强调。但淅川人知道，南水北调东线主要是工农业用水，而中线的水是让京津冀豫人民喝的，丹江口水库就是北方人后厨的一口水缸。因此，中央不强调，淅川人必须自己强调。

　　收到国务院文件后，淅川县委、县政府立即研究制定了《淅川县库区网箱养鱼专项整治实施方案》，逐级动员、广泛宣传、细致工作，采取"以奖代补"的奖补政策，先后取缔网箱 21180 箱。

　　2014 年，淅川县委、县政府又出台了《淅川县取缔丹江口库区网箱养鱼工作方案》，先后取缔、拆除网箱 54729 箱，库周网箱养鱼全部清理。

　　让各级干部感到尴尬的是，昨天还动员人家网箱养鱼，人家投了

为保证丹江口水库水质，淅川县渔民拆除经营多年的网箱。

巨资、买了网箱、下了鱼种，现在又要让人家拆除，咋张口啊？

让人感动的还是我们的渔民。在整个取缔网箱养鱼的过程中，没有出现大的不测事件，渔民们通情达理，忍痛割爱，做出了"舍小家、为国家"的选择。

刘明瑞是淅川县仓房镇党子口村网箱养鱼第一人。经过10多年的经营，她的网箱数量由最初的不足10个发展到280多个，年产值达百万元。刚开始县里干部向她宣传拆除网箱政策时，她说啥也不同意，后来当得知网箱养鱼会危及丹江口水库水质后，她率先卖掉了网箱里的鱼，拆箱上岸。"拆掉网箱就等于断了财路，而且是上百万的财路啊！说实话真是舍不得。但南水北调是国家的事，国家的事就是天大的事，咱不能为了自家小利而坏了国家的大事！"

40岁的张小伟是宋岗码头边一位普通农民，2008年，他东拼西凑购买了一条价值12万元的游船，在宋岗码头经营起一家水上餐厅，年收入达10多万元。2013年6月，南阳市的"丹江口库区周边环境综合整治"风暴席卷了宋岗，库汊里18条渔家乐游船全部停业，素有"小香港"之称的宋岗码头一下子清冷寂寥。张小伟生性开朗乐观，不等执法组上门，就主动把游船餐厅处理了，并报名参加了库区专业护水队，每天坐着船在水库里打捞漂浮物，认真负责，不时会哼几句淅川小调。虽然每个月工资只有1000多元，连原来收入的十分之一都不到，但他整天乐呵呵的，说："我这是为南水北调作贡献，心里高兴！"

4 江边育林人：水源"绿肾"保护神

为了一渠清水永续北流，光关掉几百个企业、取缔几万个网箱是远远不够的，更根本、更长远的办法，就是植树造林，涵养水源，净化水质，保持水土，在水源周边几百平方公里以内，培植出一个优良的自然生态环境。有专家形象地把它称为南水北调水源的"绿肾"。这也就是时任南阳市委书记穆为民所讲的"把丰碑刻在青山上"的意思。

为达到这一目标，淅川县委托国家林业局中国林业工程公司高起点编制了《河南丹江湿地国家级自然保护区总体规划》和《丹江湿地项目建设可行性研究报告》。2009 年 8 月首批试点移民村搬走后，淅川县又立即起草了《移民搬迁试点村消落地生态建设实施方案》和《移民试点村消落地管理办法》，并按照"保护生态、净化水质、统一规划、规范管理"的原则，超前编制了消落地生态建设规划。同时把丹江湿地国家级保护区划分为核心区、缓冲区、试验区，对核心区实行绝对保护。核心区包括丹江口库区与周边森林等 4 万多公顷，缓冲区包括各大河流及其两岸 1 公里以内的脊线为主的林地。在湿地保护区内，大规模地植树、种草，建设环库生态观光走廊。2003 年以来，淅川县共人工造林 70 万亩，飞播造林 11 万亩，封山育林 50 万亩。天蓝，山青，水碧。在无风的日子里，明媚的阳光照耀下，青山百褶，环绕着一湖丹水，如一团绿色的金丝绒，很金贵地包裹着一块碧玉。

美丽的丹江口水库一角。

打造百里青山，只需 10 年、20 年，只需一道命令或一纸文件；而守护青山，却需要百年千年，需要一种人格，需要一种精神。这里，我们要介绍一位在丹江岸边守护青山的人，他是千百人中的一个代表，事迹并不壮烈，但听完后你不能不感动。

李学绪，中共党员，1954 年 7 月出生，1975 年参加工作。他的职务是淅川县林业局国营苗圃中心副主任，上班地点在县城近郊一处花园式小院里。家就住在附近。因此，李学绪可谓工作舒适、衣食无忧、家庭温馨、生活优裕。但南水北调中线工程开始后，特别是县里《河南丹江湿地国家级自然保护区总体规划》和《丹江湿地项目建设可行性研究报告》出台后，这个丹江汉子坐不住了。他想到了一件大事，他为这件事好几天都没睡好觉。

在丹江库区的上游，有一个荆紫关林场，多年来都瘫痪着，厂里林木被周围群众随意盗伐，几乎是有场无林。场里原有 40 多名职工，但由于多年发不下来工资，年轻点儿的都外出打工去了，年纪大的人靠在山坡上开荒种粮为生。林场欠外债 400 多万元，对于一个山区贫困县来说，是一个填不满的黑洞。但这片林场在丹江口水库上游，环库达 150 多公里，是丹江渠首水源地的重点保护区，是淅川打造环湖生态长廊的关键。

有一天，机关的人都吓了一跳：李学绪主动请缨，要到 70 公里外的荆紫关林场去工作。

林场离县城 100 多里，经常开会、跑业务，离不了交通工具。场里原有一部汽车，李学绪一上任就把汽车卖了，给职工们发工资，收拾人心，凝聚向心力。然后带领职工开始在被盗伐得不成样子的林场里育苗，点种，移栽，补植，补造。库区西岸香严寺附近的刘片沟林区有两沟一面坡，只剩下稀稀拉拉的杂草荆棘，水土流失严重。李学绪提出，不让渠首出现一片荒地，带着大家，吃住在山上，亲自刨坑担水，种香樟，栽板栗，植松，育杨，奋战两年，硬是把刘片沟两沟一面坡变成了绿油油的森林。

对于 100 多公里的林带来说，防盗伐是一件大事、难事，防火更是一件大事、难事。一场大火把几架山烧得光秃秃的事例，全世界不少见，南阳也不少见。比起盗伐来说，山林火灾是灾难性的。每到冬季，天干物燥，李学绪总是成夜睡不着觉，总担心什么地方会出现疏忽。光靠护林员巡查他不放心，总要亲自上山。他有严重的糖尿病，随身带着药品，冒着寒风，踩着积雪，在百里林区一遍一遍地巡视。但百密总有一疏，2001年冬天，与林场相邻的一架山上起了山火，为了防止大火蔓延至林场，李学绪带领本场职工，奋战三个通宵，才把大火扑灭。当天他接到回县城开会的通知，极度疲劳的李学绪，一头晕倒在楼梯上，跌成骨折，至今走路还一拐一拐的。

吸取此次山火教训，为了确保林场万无一失，李学绪决定在必要的地方建立隔离防护林带。山陡坡滑，在石缝里凿坑栽树，施工难度很大。李学绪仍然身先士卒，亲自挥镐汲水，在14公里长、20米宽的隔离带上，种上了女贞等耐火树种。10多年来，李学绪的林场没发生一次火灾事故，被林业界称为奇迹。

如今的荆紫关林场，林木葱茏，鸟语花香，成为豫、鄂、陕交界区面积最大、林相最好、郁蔽度最高、管理最到位的公益林区，是丹江口水库上游最可靠的生态林带。李学绪常常会坐在山头上，凝望丹湖。丹湖，烟波浩渺，澄碧如玉，鸥鹭时翔时集，野鸭或单或双；日落之时，彩霞飞动，漫江似锦。他想看一眼陶岔渠首的提水闸门，但苍烟一片，他看不到。然而他知道，这一湖碧玉，正源源不断地冲出陶岔闸门，向着祖国的首都奔涌……

2003年，李学绪的妻子因脑溢血倒在讲台上，经抢救脱险。2005年，妻子旧病复发，医院抢救了27天才苏醒，但自此失去生活自理能力。县林业局决定调李学绪回县城工作，以便照顾妻子。文件都起草好了，但李学绪谢绝了。林场离不开他，林场的职工们离不开他；他也离不开林场，离不开这150公里的环湖青山。他也听人说有专家把渠首林地比作南水北调水源地的"绿肾"。他要让这"肾"强

那碧绿的树，青青的山，就是淅川育林人精心呵护的水源"绿肾"。

大、再强大，他要让这"肾"永不衰竭；他觉得自己是一个骄傲的护"肾"人。

当然，这么大一个"肾"，不是靠一两个人可以保护的；它需要整个淅川人，乃至整个南阳人共同来保护，需要整体立誓，需要整体发声，需要整体胸襟的博大，需要整体精神的高拔。2009年，淅川县委托权威机构中国国际工程咨询公司，高规格地规划设计了"渠首生态示范区"。这是淅川人以整体的名义发出的誓言。至于《南水北调渠首生态示范区规划实施细则》，公文有些干巴，那就听一听淅川县委一位领导对"渠首生态示范区"建成后的诗意畅想吧：

围绕库区抵御污泥浊水的千里生态长城，设4道屏障铺1层铠甲：

第一道屏障：水边栽植芦苇、芦荻，两年即可成景，这是融景观与保护为一体的湿地屏障。

第二道屏障：栽植速生红柳、水杉、水松，4年可成大树，这是护岸与护水为一体的天然林保护屏障。

第三道屏障：栽植黄楝、油桐、花栎、果树，这是防护林与经济林并生、库岸与荒山接合部的防泥石流屏障。

第四道屏障：绿化荒山，5年内森林覆盖率达到80%以上，所有地面栽植淅川特有的龙须草。龙须草有很强的固沙固土功能，即便在乱石破崖间，根须也能钻进缝隙生长。旱不死，淹不死。雨水流过龙须草，泥沙被过滤，径流入库，已是清流。

春天来了，红柳发芽，轻风一拂，红色的嫩枝婀娜摇曳，绿色的长叶纵情飘荡，像一群红衣绿裤的仙女在绕湖而舞。

夏天到了，芦苇、芦荻，阔叶长茎，碧绿如翠，那是水鸟们的金色音乐大厅，千千万万的鸟们，从晨曦初露，一直鸣唱到繁星满天。

秋天降临，丽日洒金，成千上万亩紫色镶着金色的芦花，惊心动魄地绽放着，像守护渠首的天兵天将擎戈而立列成的方阵。"晴空一鹤排云上，便引诗情到碧霄。"渠首有的是鹳鸟与白鹤，排云而上，不是一鹤，是千鹤万鹤。它们是巡天使者，保护着渠首的天空一尘不染。

冬天降临，白了的芦花，红了的柿子，黄了的蜜橘，斑驳陆离，给渠首丰腴的脖颈上戴了一串璀璨的钻石项链。

好美啊！

那么，未来的南水北调中线渠首，就是百花环护的天池了。

天池里流出的，自然是仙露了。

仙露是清冽的，无色的。

但它的名字叫丹水。

丹心的丹。

万千丹心化长渠！

5 北京的笑声

2014 年 12 月 12 日 14 时 32 分，南水北调中线干渠南阳渠首闸提闸放水。一渠丹江水，荡漾着南阳人对国家和民族的赤诚，涌涌千里，一路北上，15 天后到达北京。2014 年 12 月 27 日上午 10 时 30

2014 年 12 月 27 日，南水北调中线干渠终点团城湖明渠开闸放水。 薛珺 摄

分，北京团城湖明渠开闸放水。北京人把南水北调的水称为南水。下午4点30分，北京郭公庄水厂水阀开启，南水流进千家万户。那一刻，南阳人在北京有朋友的，大都会接到朋友一个兴奋的电话："喂！我喝到你们南阳的水啦！"在北京打工的不少南阳人，都会含泪拨通家里人的手机："妈！我喝到咱家里的水啦！"那一天，是南阳人的节日，也是北京人的节日。多年来，压在北京人心头的一块巨石抛掉了，他们不再担心有一天会断水。从此，他们的生活质量会得到很大提高，健康保障会得到很大提升。

2015年元旦，国家主席习近平通过中国国际广播电台、中央人民广播电台、中央电视台，发表2015年新年贺词。贺词甫一开始，习主席就饱含感情地说："12月12日，南水北调中线一期工程正式通水，沿线40多万人移民搬迁，为这个工程作出了无私奉献，我们要向他们表示敬意，希望他们在新的家园生活幸福。"

这一刻，多少南阳人坐在电视机前，眼里闪着晶莹的泪花。他们

北京市民在品尝丹江水。

觉得，有了国家主席的一声问候，一声祝福，所有的付出和牺牲，都值了。

南水进京，改变的不仅是北京人的生活，还有北京地区的地质和气候。自 20 世纪 80 年代以来，北京超采地下水量在 90 亿立方米以上，相当于目前北京市民 5 年的生活用水量。长期超采造成地下水位不断下降，1980 年北京市地下水埋深为 6.7 米，1998 年为 11.88 米，18 年下降了 5 米多。从 1999 年开始大幅下降，到 2014 年降至近 26 米。连续 15 年，平均一年下降近 1 米。

可怕的地质沉降！

南水进京后，北京开始在潮白河等处水源地实施回补地下水。据北京市水务局水资源调度中心统计，南水进京一年后，北京地下水

2015 年春节，长江流域水资源保护局水质监测组对渠首到北京的水质进行检测。

水位 16 年来首次出现回升，其中回补区域地下水最大回升 13.71 米，最小回升 5.42 米。

2016 年 12 月，南水北调中线通水两周年，国务院南水北调办公室发布，自 2014 年 12 月通水以来，累计输水 60.9 亿立方米，惠及北京、天津、河北、河南沿线居民。河南省供水范围涵盖南阳、漯河、平顶山、许昌、郑州、焦作、新乡、鹤壁、安阳，累计供水 21.7 亿立方米，受益人口 1600 万。

"水质各项指标稳定达到或优于地表水 II 类指标。""整体运行安稳有序。""受水省市居民用水水质明显改善。""地下水水位下降趋势得到进一步遏制。"……

每一个数字，都是南水北调人的功勋，每一项结论，都是南阳人的奖牌。

6 南阳：南水北调精神诞生的地方

"2014 年 12 月 12 日 14 时 32 分，随着南水北调中线陶岔渠首缓缓开启闸门，清澈的丹江水奔流北上，南水北调中线一期工程正式通水。北京、天津、河北、河南 4 个省市沿线的约 6000 万人将直接喝上水质优良的丹江水，近一亿人间接受益。"这是中央电视台对南水北调中线工程正式通水的一段报道。

从 20 世纪 50 年代初期毛泽东提出从南方借水到北方的伟大设想开始，到正式通水，时光已经过去了一个甲子，举世瞩目的南水北调中线工程终于尘埃落定。在无数国人为之欢呼雀跃、奔走相告的同时，又有多少人为之潸然泪下甚至失声痛哭！因为南水北调承载了几代国人的梦想，寄托了无数建设者的期望。它

故土难离，又不得不离。

演绎了数十万移民的悲欢离合，创造了世界水利史和移民史上的奇迹——那就是南阳移民模式；升华为中华民族的一种精神——这就是南水北调精神。

南水北调精神是时代主旋律的共鸣。伟大的时代激发伟大的精神。建设中国特色社会主义，实现中华民族伟大复兴的中国梦，这是包括 1300 多万南阳人在内的亿万中华儿女的心声，是时代的最强音。南水北调，作为一项"国字号"工程，关系国家的长治久安，是民族复兴之路上的重大举措，举世瞩目。移民搬迁，重中之重，南阳第一次历史性地站在了时代的潮头，这是时代的荣耀、历史的选择，也是南阳的责任和机遇，在中华民族伟大复兴的征程中，注定要留下南阳人浓墨重彩的一笔。井冈山精神、长征精神、大庆精神、红旗渠精神……都是中国共产党领导下的中华儿女在中国革命和社会主义建设中展示出的宝贵精神，而南水北调精神，则成为民族复兴这首宏大交响乐中一段属于南阳的华丽乐章。

南水北调干部学院学员在中线工程陶岔渠首参观学习。

习近平总书记说，要讲好中国故事。南水北调就是一部中国的好故事，我们要讲好它，世世代代地讲好它。

南阳，是南水北调中线工程的水源地，是南水北调精神凝练生成的地方。将来的人们，可以在这里，在南水水龙头激越的配乐声里，聆听南水北调的中国故事，接受南水北调精神的洗礼，为实现伟大的中国梦，励志，加油！

延 伸 阅 读

南阳为保护南水北调水源作出的牺牲与贡献

南水北调中线工程启动以来，南阳在水源区三县一市（淅川县、西峡县、内乡县、邓州市）关停并转企业 800 多家，关闭、取缔、搬迁养殖户 1082 家，取缔养鱼网箱 5 万多个，养殖船 604 艘，冷库 78 座，水产品加工厂 6 个，关闭畜禽养殖场 660 多家，造成 2 万多职工下岗。仅淅川县，来自企业的财政税收下滑 40% 以上，经济损失 150 亿元以上。全市财政年减收 16 亿元，静态损失 100 多亿元。政府投入资金近 5 亿元，帮助企业转产、职工转业、渔民上岸；先后否定了 73 个大中型项目选址方案，终止了 62 个大中型项目前期工作。

2002 年以来，为保护南水北调水源水质，南阳提出了"建设绿色南阳，确保一库清水"的口号，在渠首水源地共完成生态造林 230 万亩，退耕还林 254.51 万亩，建成山区生态体系工程 138.5 万亩，完成水土流失治理面积 200 万亩。目前区域内已建成国家级森林公园 1 个，省级森林公园 1 个，县级森林公园 2 个，森林保护面积达 150 多万亩。为了保有一库清水，南阳市在市域 2.66 万平方公里范围内，坚守了 1490 万亩耕地红线、1630 万亩林地绿线、400 万亩水域湿地蓝线，全市森林覆盖率达到 35.25%，渠首森林覆盖率达 53.2%，水源地水质稳定保持在 II 类以上可饮用标准。

一条流向北京的生命之河

赵 川

2014年，源自茫茫秦岭深处清澈甘甜的丹江水，将从一条全长1432公里的人工大河——南水北调中线干渠向北京奔流而去，这流淌着的是挟裹着楚汉魂魄的气血，充盈着华北儿女经脉的生命之河！

回望这条生命之河的源头——千里之外的丹江水库，碧波浩渺，天水一色。50年前，为了建设丹江口水库初期工程，南阳有141人献出了宝贵的生命，2880人因此而伤残。

2014年，丹江口水库大坝坝顶将从162米加高到176.6米，蓄水位由157米提高到170米。水域面积扩至1050平方公里，将淹没大量农田、房屋。湖北、河南两省34.5万移民，叩别黄土下的祖辈魂灵，作别故园的千重稻菽，奔赴他乡定居，用大爱谱写了一曲感天动地、气壮山河的奉献壮歌！

为了让这生命之河早日奔流北京，河南省南阳市淅川县两年搬迁了16.5万移民，在世界水利工程史上空前绝后。两年来，南阳市有许多党员干部累倒在移民一线，12人献出了宝贵的生命。

这是爱的水滴，是大地母亲的乳汁，是输送给祖国心脏的"新鲜血液"啊！

南水北调，一部水利史诗

让南方充盈之水滋润北方，修建一条优化中国水资源配置的生命线——南水北调工程，成为新中国成立以来历代中央领导人挥之不去的战略构想。

1952年10月30日，毛泽东在河南视察，健步登临邙山，凝视着滔滔东去的黄河，以诗人的浪漫、政治家的胆略问水利专家："南方水多，北方水少，如有可能，借一点水来也是可以的吧？"

这个横空出世的伟大梦想，伴随着共和国跌宕起伏的步履逶迤而行，2002年12月27日，终于迈出了它梦想成真的步伐。

南水北调是党中央、国务院决策实施的优化我国水资源配置的重大战略部署，对缓解北京市和华北地区水资源短缺局面、促进全面可持续发展意义重大。河南是南水北调中线工程的重要水源地，南水北调中线工程南起丹江口水库，以渡槽的形式穿越河南省境内的沙河、大浪河，沙河渡槽将是目前世界上已建和在建规模最大的渡槽工程；它以倒虹吸的优美造型潜入安阳河，再从河南省出境后，跨越北太行，直至北京团城湖，再到天津。南水北调中线的建成将给北京、天津、石家庄等沿线20多个大中型城市每年调水130亿立方米，泽被人间。

南水北调中线工程，这条绵延1432公里的人工天河，不仅是中国治水史上的壮举，也是世界治水史上的重大创举。它从预想到即将实施，历经半个世纪，是一部浩瀚、壮美的水利史诗。

畅游丹江口水库，仿佛走进了世外桃源。碧水浩渺无边，田园葱茏滴翠，青山氤氲如黛，俨然一幅原生态的水墨画。然而，弃舟而上，从一条条山间小道走进大山深处，走进一座座村舍，感知更多的却是这青山绿水中隐忍的伤痛，感受到那些移民村里所发出的人性的光芒。

丹江水边的人们世代逐水而居，背山面水。他们是与大自然最为接近的人，他们的血脉盘根错节地深扎于这山水间。江河改道，命运变迁。从 1958 年丹江口水库大坝破土动工那天起，当水库水位线从124 米到 147 米、152 米、155 米、159 米、170 米一次次长高时，散落在丹江口水库周围的村庄，不得不从水中抽出身子，连连向后跳跃腾挪。但仍然有无数个村庄永远沉入江底，有数万个家庭走上迁徙之路。历时 20 年，分期分批被安置在青海、湖北、河南 3 省，动迁人口 20 多万人，占 1954 年全县总人口的 49%。在县内，后靠至荒山野岭的人口达 12.6 万人，其余外迁。

由于移民对当地生产生活习惯不适应（迁移前农业生产以旱作为主，迁移后以种水稻为主），加之移民安置时划拨耕地及荒山较少，致使大批移民返迁。没有户口、没有房屋，还没有来得及疗伤，1961年，又一次大搬迁开始了。丹江口大坝开始围堰壅水，库区内 124 米高程以下的群众需要全部迁出。

总结以往经验教训，这次河南省提出了"远迁不如近安，近安不如县内后靠"的政策，随着水库水位继续提高，淅川 6 万多移民一次次后靠。淅川县政府允许移民在本省、本县、本地范围内自由选点，或投亲靠友。1961 年，迁到邓县的 2.67 万人，国家补助的费用仅够吃饭，也没来得及建房，后丹江大坝因故暂停，移民们又陆陆续续回到丹水边住了下来。

从 1958 年移民到 2009 年，半个世纪过去了，当年的孩子已是白发苍苍，当年的老人早已辞别了人间，多少春种秋收，多少花开花落，多少希望与失望，多少坚守与期待，淅川库区的人们在漫长的等待中度过一天又一天，一年又一年，心中始终没有忘记那份沉甸甸的责任：只要国家需要，立即搬迁移民。在这期间，新房子不能盖，道路不能修，外面的世界每天都在发生变化，这里一年一年仍是山河依旧。幸运的是还有青山绿水、明月清风，这是丹江给予她的子民们最宝贵的财富和最大的庇护。

丹江口水库移民动迁规模大、难度高、延续时间长，在国内已建水库中是绝无仅有的。今天，我们再次提起往事，就是希望后人在领略丹江口水库那涟漪荡漾的湖光山色的同时，别忘了曾在水下那片土地上生活过的人们；就是希望我们对淅川移民所做的奉献牺牲有更深刻的认识。也因为今天，50 年前的老移民将再次告别故土，这是怎样的一种牺牲奉献啊！

袅袅炊烟像薄雾般飘在一座座山村上空，摇摇欲坠的土坯房用木棍顶着，长满青苔的老井把时光定格在 20 世纪 70 年代，有人把这些库区的村庄称为"中国最后的原始部落"。在土屋的山墙上，用石灰刷上去的"172 米"、"167 米"等字样异常扎眼。这些看似普通的数字，在移民的眼中就是一道道不可逾越的"红线"，因为那是大坝加高蓄水要淹没的建筑物标识。凡是"红线"以下的住户都要迁移。

1990 年、1992 年，长江水利委员会两次对库区进行实物指标调查，但工程始终没能上马。老百姓不敢盖新房，村里的路、电也不能规划建设。2003 年，南水北调工程开始动工，国务院南水北调工程建设委员会发布了丹江口库区停建令。散落在水库周边的一座座土坯老屋再也经不起风雨的侵蚀，如同化了的冰激凌一样纷纷坍塌。风雨天更是让人心惊肉跳，淅川县的干部几乎倾巢而出，只要看到没有倒的老屋就拼命呼喊：有人吗？快出来！很多群众被干部抢出家门，老屋在身后苍然坍塌。

移民的冷暖挂着省委、省政府领导的心。省长郭庚茂一次次到库区调研，拉着移民的手满怀深情地说：我曾经有过和你们一样的经历，在 20 世纪 50 年代也是从水库移民搬迁出去的。看到你们因为迟迟搬迁不了，生产生活受到影响，党和政府也很放心不下。所以，我们正采取措施，加快进度，让你们早一天搬迁，早一天安定下来，早一点获得发展。

不能再等待了！河南审时度势、科学决策：库区移民四年任务两年完成。

2009年7月29日，就在移民小心翼翼地把老屋顶上的灰瓦一块块揭起，把山墙上的青砖一块块拆下，将一头头黄牛牵走时，河南省南水北调丹江口库区移民安置动员大会正在淅川召开。会上首次公开提出了库区移民时间表：2009年8月底完成试点移民1.06万人的基础上，对库区大规模移民分两批进行：第一批移民6.49万人，2010年8月底完成搬迁；第二批移民8.61万人，2011年10月底完成搬迁。

三峡百万移民中，农村移民45万人，共搬了17年；黄河小浪底水库涉及河南移民16万人，搬迁了11年。而河南省丹江口库区16.5万移民，全部集中在一个淹没县，两年时间内完成搬迁，移民迁安的难度和强度之大，在世界水利移民史上绝无仅有。移民工作号称"天下第一难"。16.5万移民要在两年内迁徙完毕，谈何容易？

河南省委、省政府背水一战：举全省之力，坚决打赢16.5万移民迁安这场硬仗！我们要确保移民在搬迁过程中不伤、不亡、不漏、不掉一人，实现和谐、平安搬迁。

2011年10月26日，这一天注定要载入史册。中牟县官渡镇水库移民安置点彩旗招展，锣鼓喧天，来自淅川县金河镇金源社区的57户、247名南水北调丹江口库区移民顺利入住移民新村。至此，河南省南水北调丹江口库区外迁移民搬迁工作全部完成。

16.5万移民搬迁结束。从启动到搬出200多个环节，怎一个"难"字了得！

如此浩繁的调水工程，世所罕见的移民规模，竟能以各得其所、皆大欢喜的结局画上完美句号，实非易事。河南省水利厅厅长、省南水北调办主任、省政府移民办主任王树山感慨地说："之所以取得这些成绩，得益于中国共产党的核心领导，得益于社会主义制度集中力量办大事的优势，得益于中央政策和地方政策有机集成，得益于广大干部尤其是基层干部的无私奉献。"

送水北京，无私情怀博大胸襟

2011 年 9 月 23 日，中共中央政治局委员、北京市委书记刘淇率北京市党政代表团考察河南省南水北调中线工程建设情况时，为河南人民表现出来的无私奉献和牺牲精神深深打动。他深情地赋诗一首："南水北送真辉煌，最动情是离故乡。清水滋润京城日，共赞豫宛好儿郎。"

秋燥使每一个在北京生活的人感到：北京缺水！严重缺水！现在北京市人均年可利用水资源量已降到 100 立方米左右，远低于人均年 1000 立方米的国际水紧缺警戒线。专家打了个形象的比喻：如果世界剩一暖瓶水，中国只有一杯水，北京只有一口水。

北京因水而建，因水而兴。据《帝京景物略》记载，"玉河桥亦关矣……水一道入关，而方广即三四里，其深矣鱼之，其浅矣莲之，菱芡之，即不莲且菱也，水则蒲苇之"。遥想北京当初的盛景，人们心焦如焚，南水北调快点通京城！

发源于陕西商洛西北部秦岭地区的泉水从莽莽秦岭深处，一点一点从山石中渗出，一滴一滴累积起来，慢慢悠悠流成一条线，或明或暗地从野花、草丛间穿过，缠绕着崇山峻岭，潺潺地流到丹江。

陶岔村位于淅川西南角，丹江口水库东岸，汤、禹、杏三山之间，以天然的渠道形状，与丹江口水库相连接，天造地设般成了南水北调的源头和渠首。南水北调中线工程的实施，将使丹江浅吟低唱，一路北去。到 2014 年，在北京颐和园团城湖畔休闲的人们会想起，这里的碧水清波源自千里之外河南淅川的一个小村——陶岔。

为保护好这生命之水，淅川县果断提出"把丰碑刻在青山上，把政绩融在清水里"的理念，全县森林覆盖率达到 45.3%，库区水质连续 7 年保持二类优质标准，符合调水要求。

北京人要喝水，淅川人要吃饭。淅川县环库区 2000 公里的库岸线上有 30 万人，172 水位线以下还有 5 万人不在搬迁范围内，势必影响水质。值得欣慰的是，最近，国家已审批"建设中原渠首生态经济示范区"。淅川县信心十足："让库区的群众参与保护生态、保护水质，而不能再让群众因水而贫困，要让群众在生态保护中发展致富是我们下一步更加艰巨的任务。"环库区是个巨大的财富，淅川县委期望有眼光的人士能参与南水北调中线工程渠首高效生态经济示范区的建设，来共同保护这生命之水。

2009 年 7 月 10 日，我首次到淅川采访移民搬迁。两年多来走遍了库区的山山水水，走进一个个移民村落和一个个移民家庭，倾听他们纯朴的心声，也一次次被移民群众半个多世纪以来的付出、无私的情怀和博大的胸襟所感动。滔滔丹江是库区移民汲取营养的脐带啊！

我曾经探访过盛湾镇姚营村 91 岁的侯金全老人："大爷，知道为什么让您搬家吗？"

"北京渴！南水北调！""您愿意搬吗？""落叶不能归根啊！开始任凭谁说我是死活不愿意搬。后来慢慢地想通了，北京是咱们国家的首都，总不能让北京挨渴？这不，俺全家响应党的号召，搬！"

今年 6 月 26 日，沿江村一位产妇抱着婴儿住进仓房镇的小旅馆，凑巧我住在隔壁。看着产妇怀里小猫一样嘤嘤哭泣的婴儿，我一阵心悸，忙从暖瓶里倒出一点儿开水吹着："孩子渴了，喂点水吧。辉县有 650 公里远，至少坐 11 个小时的车，你住几天再走吧。"虚弱的产妇面色苍白，嘴唇干裂，额头上布满细密的汗珠。她手捂着肚子表情痛苦地说："房拆了，东西都装车了。如果我不走，家人也走不成。"

24 小时之后，一辆救护车接上这对母婴渡过烟雨缥缈的丹江，跨过浊浪滔天的黄河，向太行山下奔去。记住这个出生才 24 小时的庆辉吧，还有移民中年龄最长 102 岁的王秀华。

江河改道，命运变迁。淅川 16.5 万移民，为了给这条生命之河让路，要离开祖祖辈辈生活的丹江，这放在谁身上都是一种痛。这里的一草一木都和他们血肉相连啊。如今，却要连根拔起。他们只是为了一个共同的目标，就是让甘甜的丹江水早一天流向北京。

故土难离，最后的告别

"感时花溅泪，恨别鸟惊心。"故土难离是中国人几千年来根深蒂固的观念。在顷刻之间，痛别自己祖祖辈辈生活、劳作的家园，对于任何人来说，都是一场艰难的抉择和心灵的考验。

在 16.5 万移民中，他们有的骨肉相别，天各一方；有的抛弃了蒸蒸日上的产业……此情此景，怎一个"痛"字了得。他们对故土、对祖地有一种特别的眷念，神圣肃穆的表情让人心灵震撼。

172 水位线，把仓房镇胡坡村一分为二。76 岁的杨奶奶紧紧地拉着我的手老泪纵横："搬吧，舍不得女儿；不搬吧，舍不得儿子。"就要走了，张大爷跳入丹江一声长啸：丹江啊，再见了！他任泪水江水在脸上横流："带瓶水，以后只有梦里游丹江了。土地、母亲、爷爷、奶奶都在这深水里。"

学生们从记事起就知道南水北调，知道移民搬迁。当这一天真正到来的时候，一切又是那么难以割舍。"同学们，今天我给你们上最后一堂课。因为我就要和学校一部分同学搬迁到辉县了，老师真的舍不得你们。"仓房镇胡坡村小学的王老师深情地拥抱留下的每个学生。

"长亭外，古道边，芳草碧连天；晚风拂柳笛声残，夕阳山外山……"在学生们的歌声中，王老师恋恋不舍地走出教室，任泪水滚落却不敢回头……

晨曦中，一条小狗在残垣断壁中钻来跑去，一个8岁的男孩边追边喊："辉辉，辉辉，咱该走了，听话，乖，别跑了呀。"眼看着就要开车了，张改龙也帮着儿子抓狗："辉辉，你再跑，真把你自己丢下了啊！"然而，平时很听话的狗无论主人怎么呼唤，就是不过来。张改龙感伤地说，它是不愿意离开啊！

一个白发苍苍的老人让孙子、孙女扶着他，回到了他那破旧的土坯瓦房前，他转来转去地看，很忧伤地回味着什么。最后，老人伸手从房檐上抽下一片长满青苔的瓦揣到怀里，又抓把土装进口袋里，作为寄托思乡怀旧情感的缅怀之物。

当一辆辆车开始启动时，原本平静的人群顿时变得沸腾起来，不少人开始哭泣。70岁的肖玉敏紧跟着女儿乘坐的大巴车拼命挥手："娃，走了好呀，不哭，不哭。"可说着"不哭"的她却忍不住掉下了眼泪……

而此时，村头大槐树上的喇叭里一曲《父老乡亲》在空中回荡：我生在一个小山村，那里有我的父老乡亲，胡子里长满故事，憨笑中埋着乡音……

鞭炮响起，礼花升空。车辆缓缓移动，移民们纷纷把头伸出窗外，再看一眼故乡的田野山川。多情自古伤离别。在离开家乡的那一刻，泪水模糊了一双双眼睛。

淅川县城倾城而出，少年们舞动着花环，老年人跳起了秧歌，腰鼓队敲响了锣鼓，送别远离家乡的亲人。浓浓的故土亲情在每一个人的心中激荡，车下的人挥动着手不断道着"珍重"、"再见"，车上的移民群众眼里含着泪花，依依不舍地向欢送的人群挥手示意。车上车下，亲情、乡情、离别之情交织在一起，汇成了一幅感人的画卷。大街两旁挂满了鲜艳的标语，字字情深意切：无论你们搬到哪里，都是淅川最亲的人！

土地，特别是故乡的土地，不仅是生命之源，也是情系梦牵的地方。丹江啊，你那磅礴的气势，海样的胸怀，令人们深深感动。此刻，我泪水滴落，心中呐喊：淅川啊淅川，对不起！我这个不久将受恩于丹江惠泽的北方人，在此，向淅川致敬！

移民搬迁结束了，再歇

一部南水北调史，就是一部移民干部朝乾夕惕、蹈厉奋发的奉献史；"和谐移民"的背后，是无数移民干部披肝沥胆、宵衣旰食的忘我工作。

2008年11月20日，河南省召开规模盛大的移民搬迁动员大会，从省到市、县、乡、村层层建立移民搬迁指挥部、指挥中心、前线指挥部。负责移民搬迁工作的南阳市市领导深感责任重大，向市政府副秘书长、移民局局长王玉献交代：不知道能不能扛过去。如果咱俩谁先走或倒下了，我们活着的一定要照顾好孩子和家属。

南阳市移民局局长王玉献累得晕倒后摔得头破血流，伤口还未拆线，他便戴着草帽套着塑料袋，8月3日凌晨雨夜赶到移民村。

今年搬迁高峰期，决战决胜的时刻，干部们是在用命拼了。上集镇司法所副所长王玉敏等 11 名移民干部和群众累倒后再也没有醒来。

2008 年王玉敏的妻子癌症病故，为了还债他卖掉了房子。后来他不幸患上了肺气肿，他没钱看病吃药，靠一毛钱一包的头疼粉硬撑着跑遍丹江岸边的沟沟坎坎、村村寨寨，他在田间地头、农户小院帮移民解难题、除心结。5 年间，他骑着破自行车跑遍了 13 个移民村化解矛盾，调解纠纷；4 年来，他拖着患肺气肿的身体，进村宣传移民政策，帮移民搬迁。今年 6 月 16 日，气温高达 40℃。王玉敏的肺气肿已经非常严重了，脸色青紫浑身浮肿。他一大早骑车 40 里到白石崖村，耐心地说通了不愿搬迁的群众，又咬着牙帮助移民把粮食、整袋的沙子、木头、摩托车、家具全部装上车。直到下午两点多王玉敏才吃上饭，手抖得连菜都夹不住。同事们劝他歇歇。他说移民是大事，等移民搬完了我再歇。

"6 月 21 日夜晚，发现他仰面躺地上，已经僵硬了。"女司法所长王志红无法承受大放悲声，我也难以在凌晨承受这样的采访、悲痛的倾诉。

在王玉敏的屋里我看到只有一张老式木床，一双穿得没了色的皮鞋。厨房灶台上掉瓷生锈的锅碗没点油烟，小半瓶醋，半小碗盐。表侄女说他只熬白米粥，舍不得炒菜。家徒四壁！不，这还是他借住亲戚的房。这个最清苦的司法所长，一无所有，只此一生！

为了让乡亲们住上最新最美的新房，九重镇华栎扒村 67 岁的老支书范恒雨累倒在新村工地上。漫天飞舞的雪花轻轻地覆盖在他身上，好像在说：老支书累了，让他睡会儿吧。

老支书不能走啊，新房还没有建好。雪化了、春来了、花儿开了，老支书您睁开眼吧，移民村的房盖好了呀！您都睡了 7 个月了，快搬迁了呀！

老支书永远留在了故土。生死两茫茫。孤苦的老伴抱着他的遗像搬迁上路了：老范呀，你咋恁没福气，操那么多心不就是为了今天搬迁住新房吗？

在繁重的任务下，在巨大的压力中，移民干部透支生命、远离亲情、失去亲人。一位 80 岁的老母亲每天守在电视前，搬迁多少批次多少人，搬到哪儿都知道。她盼着在电视里看到儿子，因为儿子两个月没回家了。老母亲担心有糖尿病的儿子每天两针胰岛素顾上打了没有？降压药吃了没有？她最怕儿子累得再晕倒。老母亲生病住院了却在电话里安慰儿子："你忙吧，我想你了，打开电视就能看见你！"这个让老母亲牵肠挂肚的儿子就是淅川县移民局局长冀建成。他说，和移民的奉献相比咱这算啥，不就累点儿吗？

淅川县公安交警大队的余秀铎每天工作都超过 18 个小时，1 个小时内喝了 9 瓶矿泉水。搬迁高峰的 3 天里他只睡了 4 个小时，由于连续作战、超负荷工作，他晕倒在了移民现场。经过医院及时抢救，他醒过来了。

他 81 岁的老母亲守在病床旁，泪水涟涟，心疼地说："娃子呀，我十几天没见到你，你咋成这个样子了……"

这样令母亲牵挂的儿子，数也数不尽，道也道不完。而他们仅仅是淅川大移民中的一个缩影。这些披星戴月的移民干部，舍下了小家，放弃了呼朋唤友的假日，惜别了花前月下的爱情，挥别了苍老年迈的双亲，吻别了膝下年幼的孩子。他们走千家入万户，从青丝到白发，把生命和智慧献给了移民大搬迁。这，是何等深情的大爱无疆；这，是何等不悔的热血献身！

2011 年 8 月 2 日晚 10 点多钟，月高星稀。淅川县老城镇政府大院里几乎见不到人。镇党委书记马华中说，党员干部都在村里帮助移民准备搬迁了。

"我给你讲个真实的故事，你就明白我和大家为啥拼命工作了。"说着，马华中翻到 2009 年 6 月 6 日的工作日记：夜晚 7 点 50 分，在县丹阳宾馆会议室召开试点移民搬迁前的大会，省政府副省长刘满仓作重要指示。"那天会议一直开到凌晨 2 点多钟，记了 23 页笔记。我回去时住宅小区的大门都上锁了。"

第二天早上一醒来，我就给镇里打电话："今天上午刘副省长到大石桥从咱这儿过，注意街道的秩序。""副省长已经过去了。"

这么早！我心里一惊，这才 8 点多一点！算下来刘副省长顶多睡了 4 个小时。当时我就想，副省长刚从平顶山视察完赶来淅川，开会这么晚，今天这么早。这领导当得真不容易，共产党的官不容易当。我们有啥理由不好好干！

为了南水北调移民，主管副省长刘满仓常年连轴转，去年驱车 14 万公里。仅去年一年，就出席南水北调移民各种活动 40 多次，几乎每月都有几次要深入丹江口库区，检查督导工作、暗访新村建设和后续帮扶工作、慰问移民干部群众。移民乡亲说，见省长比见姥姥家的亲戚还容易。

为了丹江口库区移民，王树山的手机号码向全省移民公开，不论白天还是深夜，只要有移民打来电话，他都认真倾听，耐心解释，及时协调解决问题，移民电话一放下就直接将电话打到市、县分管领导的手机上，督促协调工作从来不隔天不过夜。他白天到移民村督查，晚上在单位都是办公到十一二点钟。没有让一份批件过夜处理。每年的春节，他都和省政府移民办的干部分头带队深入移民村，和移民一起度过。

这些朴实无华、大爱无疆的移民干部让我重新认识了生命的意义，泪眼中我发现这些优秀的移民干部是一支特别能吃苦、特别能战斗、特别能奉献的队伍，不愧是时代的先锋和楷模。

心系移民，把移民当亲人

水利水电工程中的非自愿性移民，被世界公认为"天下第一难"。对于信奉"金窝银窝不如自己的穷窝"的中国人来说，从世代祖居的故土远迁陌生的异地，亲情血脉和社会关系断裂，生活方式猝然改变……已是人生的苦事。况且，"一搬穷三年",50多年里，水涨人退，谁家不是屡次搬家，越搬越穷。

淅川县大石桥乡张湾村地处平原，依山傍水，土地肥沃，五泉汇流，一半以上田地可自流灌溉。人称"九顷八十亩，不靠老天爷"。对于祖祖辈辈居住的土地，村里不少群众难以割舍。

58岁的张丰岐曾干过4年村支书，十几代都在这儿居住，一亩多的宅院住得宽敞自在。他说这儿冬有温泉夏有凉，旱涝保收，背靠青山，面朝丹江，住在平川。

"我去年7月3日在郑州做手术时，书记、乡长都来看我，我很感动。"张丰岐轻闭双眼，显得有点愧疚。"大家开始对政策理解不够，有个认识过程、提高过程、行动过程。"

大石桥女乡长向晓丽说，现在讲究和谐移民。移民拦你，你不能急，还得赔着笑。有时候，一天下来，笑得脸生疼。

大石桥乡村民老徐独身，性情暴躁，一直想不通。他患了十几年的糖尿病，住院后无人照料。乡党委书记罗建伟在医院陪住了十多天，天天像儿子一样精心侍奉，给他喂汤喂药。开始老徐横下心拒绝治疗，整天闭口不言，喂进嘴里的药吐出来，输液就拔针头。文质彬彬的罗建伟又伤心又生气，一米八高的他含泪说："我对你比对我爹还好，就是为了让你过上好日子，现在好日子要来了，你却不想过了，我真为你难过……"话是开心锁，语重心长的一番话使老徐触动很大，一直紧闭的双眼流出了泪水，他哽咽着说："我搬、搬。"

香花镇是著名的红辣椒集散地，仅投资千万元以上的个体企业就有12家。如今，这里5.4万村民中要迁出2.8万人，几乎占全镇人口的一半，攻坚之难可以想象。

香花镇党委书记徐虎感慨地说："把百姓当父母，视移民为亲人，没有这份心，根本干不成移民工作。"

2010年3月，香花镇党委书记徐虎带领全镇干部一头扎进各村各户，一连几十天没进家门。他和镇长天天说着喊着，嗓子都失了音，两人面对面坐着，只能用手机短信交流。面对情绪激动的村民，他含泪说："我家也是移民，就在今天，我80多岁的老母亲和两个弟弟正在赶往辉县安置点的路上，我深深理解大家的感情，同时也请大家相信，在改革开放的今天，共产党是不会亏待咱老百姓的！"

2011年6月10日，徐虎来到仓房镇胡坡村的老家，向老屋做最后的告别。他泪眼沉沉地说："40年前水涨上来淹了我们的家，挪到这儿盖的土坯房，后年江水又要淹没我现在的家。明天我的母亲和两个弟弟就要搬迁到千里之外的辉县，我是移民的儿子，所以我对移民心存了一份敬仰，对百姓心存了一份感恩，对干部心存了一份愧疚。"

提起2009年搬迁到郑州荥阳的移民，上集镇镇长翟成敬泪水涟涟。

"翟镇长啊，你行行好，给我们这些土埋脖子的人留间房子先住着，等到水库的水上来了，要淹住房了，我们再走，行不行啊？"魏营一老太太哭着央求道："翟镇长，俺真的不想走啊！听说黄河滩风吹沙子跑。"

翟成敬面对眼前提出请求的老人们泪水滚落，颤声对大家说："大娘，大叔们，咱们不是常说，要舍小家为国家么？国家肯定不会亏待咱。过了年天暖了，我和镇里的干部带你们坐车到荥阳安置点去看一看，行了，就搬过去住。如果真的条件差，住不了，你们就回来，我们镇里的领导一人接一个把你们接到我们自己家，我们当你们的干儿子，为你们养老送终，行不行啊！"

当魏营的父老乡亲终于搬迁到新家，翟镇长内心发出长长的感叹："何止是把移民当亲人，是比亲人还亲啊！"

等到北京通水那一天

仓房镇沿江村移民何兆胜，一生搬迁了 6 次，是淅川移民的"活标本"。1959 年何兆胜和 2.2 万名支边移民高兴地扛着统一发的军大衣、军被，胸前佩戴着大红花，乘坐着专车，带着美好的愿望，热血沸腾地挥别秀美的丹江奔赴青海。没有想到在海拔 3000 米的荒芜凄凉高原上，连呼吸都有些困难，他们刀耕火种般地艰难生活着。现留在青海省的只有 5930 人。在走投无路的困境中，他们中有不少相约踏上回乡之路。

1961 年何兆胜和大批乡亲们返回老家。1966 年，何兆胜一家人又搬到湖北荆门。"当时的房子是土坯房，椽子有这么长一根。"老何伸开双臂比画着说，搬迁到荆门后，一人分一亩地，一年的收成不够吃。1974 年，他全家从荆门搬回仓房，没家、没户口、没地，只好住茅草庵，在丹江边上开荒种地过日子。因他们和其他返迁移民沿江而住，就起了个"沿江村"的名字。

今年 6 月 27 日，仓房镇沿江村就要搬迁到辉县。何大爷高兴地对我说："前两天刘省长来俺村，还和我握手，可关心移民了。辉县来车接，每辆车上有专人护送，这次搬迁真是不同于以往啊。"

今天，何大爷的父母、妻子再也不用跟他四处搬迁了。何大爷把亲人安葬在高高的凤凰岭上，永远守护着自己曾经的家园，守护着这青山绿水。

"明朝共饮一江水，今天就是一家亲！"辉县来接移民的100多辆汽车排列成长队，一眼望不到头。何大爷一步一回头地离开老屋，依依惜别和他日夜相伴十年的大黑狗贝贝，他擦去贝贝两行混浊的泪，把狗链子塞进亲家的手。雨雾中，姑娘和外孙哭着扒着车窗口，拉着何大爷的手撕扯不开："爸爸，这回搬迁我不能跟你走了……""姥爷，我舍不得您走，我会想你们的……"何大爷看到隆重的欢送场面感慨万千，他举目望着碧波荡漾的丹江，眼里充满了无限的依恋。

起锚啦，汽笛声划破丹江宁静的晨空，轮船迎着朝霞，徐徐离岸渡进碧波粼粼的丹江。顿时，许多移民泪水夺眶而出，向亲人挥手告别。这时，自发来送别的村民吹起了唢呐，敲起了锣鼓。轮船在鞭炮声中渐行渐远，移民们泪眼婆娑地回望着柑橘摇曳的山冈、碧水悠悠的丹江。

"亲人您到家了！"一向淡定的何大爷眼睛湿润声音颤抖："搬了一辈子家，这次最满意。虽然搬得最远，但还是河南人。以后再也不搬了，老家的韭菜根挖来了，种院子里，扎下根！也吃个念想。"

"大爷，好日子来了。您攒着劲儿再活30年！""对，过去的日子不可能再回来了，我虽然身体不好血压高。可盼着呀，盼着北京通水的那一天！"

移民搬迁，是一次艰辛而动人的命运大迁徙，更是一次气壮山河的家园大重建。

一个个移民新村，就像花儿一样盛开在中原大地。一排排欧式别墅、徽派小楼，文化广场，水泥马路，太阳能路灯，花草树木、供排水、卫生室、学校、幼儿园、超市、公厕等公共设施一应俱全，展现在人们面前的是一幅幅具有诗情画意的社会主义新农村美景。与当地农村相比，移民新村的各项建设至少提前了 15 年到 20 年！

目前，河南省加大力度搞好移民后续帮扶，基本实现了省委省政府提出的"搬得出、稳得住、能发展、可致富"的目标。

何大爷的儿子媳妇已经在村办企业上班，一个月挣 2000 元。村里土地平整，住房宽敞，他每天都和邻居老人们见面唠嗑。

此时此刻，我心潮澎湃，思绪万千，库区半个世纪的移民就是一部厚重而悲怆的史诗，引领我穿越历史云烟，匍匐于历经风雨、被泪洒过、被火灼过、被暴雨打击过的丹江岸边淅川大地上；移民乡亲的默默坚守、热切期盼使我不能平静下来，移民的故事如同磁铁一样吸引着我一次次实地采访；3 年来，我走过 11 个移民乡镇的一百多个移民村，有幸用眼睛和心灵见证了这场艰苦卓绝、感天动地、波澜壮阔的移民大搬迁；灵魂一次次受到洗礼，更加深刻地认识到什么是崇高、什么是担当、什么是责任；更加深刻地认识到这就是朴实善良、可亲可爱的淅川人；这就是舍家为国、无私奉献的南阳人；这就是普普通通、平凡伟大的河南人！

（原载 2011 年 12 月 12 日《人民日报（海外版）》，
收入本书时个别之处有订正）

后　记

2016 年 7 月，南阳市市长霍好胜在听取南水北调干部学院建设情况汇报时指出，南水北调举世瞩目，南水北调精神崇高伟大，南阳从 20 世纪 50 年代开始就为南水北调作出极大的付出与牺牲，工程建设牺牲近 200 人，移民近 40 万人，我们应该编写一部教材，总结这段历史，提炼南水北调精神，教育广大中小学生，激励党员干部。同时指示南水北调干部学院组织有关人员编写，并从南阳作家群中聘请 1—2 名参与过移民工作且有移民专著的作家执笔。由南水北调干部学院策划组织、南阳市著名作家殷德杰和水兵担纲编著的《一渠丹水写精神——南水北调中线工程与南阳》一书付梓出版。在书中，你将会领略到举世瞩目的世纪工程——中国南水北调中线工程的工程建设、世纪大移民、移民迁安发展以及水源地环境保护等一个个波澜壮阔、感天动地的故事，感受到这一世纪工程中彰显的伟大精神。

作为献给南水北调中线工程建设和弘扬南水北调精神的一个教育读本，南水北调干部学院承担了这一光荣的组织编写任务。本书是一本集知识性、故事性、科普性、教育性、文学性为一体的优秀读本，绝非一个单位或一二人之力所能为之，必须依靠集体智慧和学识才情予以共同浇铸。为此，在市委组织部的直接指导下，由南水北调干部学院牵头，组织南阳市大文化研究院、南阳市移民局、南阳市南水北调办公室、南阳市教育局、南阳师范学院、邓州市移民局、邓州市南水北调办公室、淅川县移民局、淅川县南水北调办公室等单位的专家、工程建设者和移民搬迁的指挥者、亲历者、"笔杆子"，重温那段难忘的岁月，集思广益，挖掘史料，广积素材，为写好这本书打下了坚实基础。

南水北调精神体现在人上，人体现在故事上。习近平总书记说，要讲好中国故事。《一渠丹水写精神》就是要讲好南水北调故事，所以，这本书对南水北调精神不着重作理论上的挖掘和阐释，而主要是讲南水北调中的人和人的故事（事迹）。它是一部南水北调精神教育读本，而不是面面俱到的知识读本，更不是中学生教辅读物。但它非常适合青少年阅读，对青少年树立正确的人生观、价值观以及提高他们的写作水平都有积极意义。

"南水北调，缘起南阳！"各位读者，作为一名南阳人，无论你是身在外地，客居他乡或是栖居本土，每当听到这句话时，你的心里是不是非常激动和自豪呢？这本书为你展现的就是南水北调中线工程建设和移民过程中南阳人的担当、牺牲和奉献精神。这本书如果有幸、有缘来到了你的书桌或案头，你是否会感受到南水北调工程建设的震撼与伟大呢？你是否会感受到南阳人为了国家利益舍小家、顾大家所作出的牺牲奉献、创新拼搏精神呢？如果你感受到了这项举世瞩目的浩大工程和感天动地、可歌可泣的创造精神，你觉得自己从中学到了什么，有什么感受？请和我们一起分享吧！

反映南水北调中线工程建设和南阳南水北调移民的材料、通讯报道、文学作品甚至影视影像资料可以说是汗牛充栋，但作为一本有文学深度和文化向度、面向广大党员干部及青少年的精神教育读本，这在南阳市还是第一本，这给编著者带来了很大的压力和挑战。所以虽精心编著，但错讹错漏处在所难免，谨请同人方家和读者朋友们批评斧正。

本书选用的图片，大都是从网络上下载的，大部分都无署名，因此无法标明作者，但图片内容都是南阳的。因此，作为南阳人，我们在此要向他们表示衷心的感谢，并为无法署名向他们表示歉意。

本书组织编写过程中，得到了南阳市委、市政府主要领导的高度重视和大力支持。在此，我们向他们表示深深的感谢！

在本书出版之际，还要向关心支持本书出版的各位朋友、领导，向提供资料的南水北调人，致以衷心的感谢和崇高的敬意！

南水北调干部学院

2017 年 11 月

责任编辑：朱云河
特约编辑：曹培强　单明明　李源正
装帧设计：周方亚
责任校对：吕　飞

图书在版编目（CIP）数据

一渠丹水写精神：南水北调中线工程与南阳／南水北调干部学院 组织编写 . —
　　北京：人民出版社，2017.12
ISBN 978－7－01－018608－5

I. ①一⋯　　II. ①南⋯　　III. ①南水北调－水利工程－南阳　　IV. ① TV68

中国版本图书馆 CIP 数据核字（2017）第 291035 号

一渠丹水写精神

YIQU DANSHUI XIE JINGSHEN

——南水北调中线工程与南阳

南水北调干部学院　组织编写

人民出版社 出版发行

（100706　北京市东城区隆福寺街 99 号）

北京尚唐印刷包装有限公司印刷　新华书店经销

2017 年 12 月第 1 版　2017 年 12 月北京第 1 次印刷
开本：710 毫米 ×1000 毫米 1/16　印张：19
字数：228 千字

ISBN 978－7－01－018608－5　定价：66.00 元

邮购地址 100706　北京市东城区隆福寺街 99 号
人民东方图书销售中心　电话（010）65250042　65289539